건축 속
재미있는
과학 이야기

건축속 재미있는 과학 이야기

이재인 지음

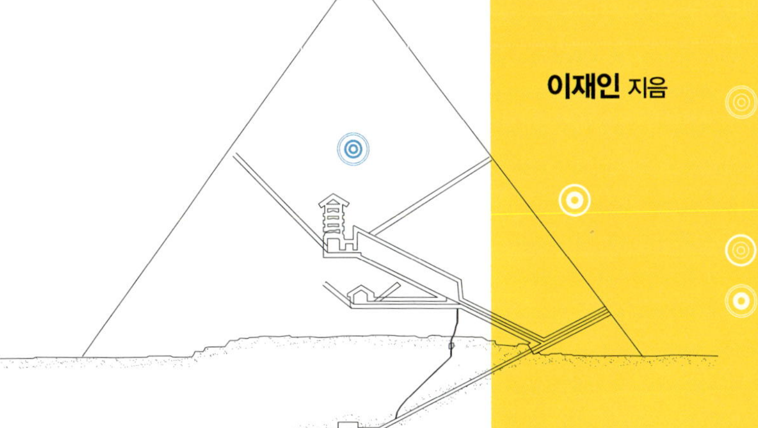

차례

서랍 속의 지식

우리의 삶은 건축 환경을 떼어내고서 생각할 수 없다. 어떤 종류의 건물이든 우리는 그 안에서 활동하고 밖에서는 건물의 자태를 즐긴다. 그럼에도 건축은 우리와 너무 동떨어져 있고 건물 안팎에 문제라도 발생하면 난감하기 일쑤다.

건축이라는 매력적 분야가 왜 이렇게 어렵게 느껴지는 걸까? 그도 그럴 것이 건축 관련 서적들은 일반인들이 읽기에는 너무 전문적인 내용이 대부분이다. 청소년의 입장에서 보면 더욱 그럴 것이다. 저자 또한 막연한 동경으로 건축학과에 입학해 그 어려운 분야를 공부하느라 힘겨웠던 기억이 있다. 그래서 가끔 생각한다. '만약 건축학과 입학 전에 건축이라는 학문에 대해 조금이라도 이해하는 기회가 있었다면 그 많은 시행착오를 겪지 않고 더 재미나게 건축 공부를 할 수 있었을 텐데.' 하고 말이다.

지금도 저자에게 건축이 어렵기는 마찬가지다. 건축이란 'artlolgy art+technology, 저자가 만든 신조어' 이기 때문이다. 건축물은 도시라는 전시장에 전시된 작품, 즉 art로서의 역할뿐만 아니라 그 안의 사람들이 장기간 안전하게 거주할 수 있는 기술, 즉 technology가 필요하다. 어느 분야도 마찬가지겠지만 특히 예술과 과학에서 괄목할 만한 성과를 이루려면 평생을 바쳐도 모자랄 지경이다. 하물며 이 두 영역을 아울러야 하는 건축가의 길은 요원할 뿐이다. 천재 소년 과학자나 예술가들은 종종 세간의 화젯거리로 등장하지만 천재 소년 건축가는 없는 것도 이런 까닭이 아닐까 한다. 그러나 조금 생각을 바꿔보면 그렇게 어렵지 않을 수도 있다. 우리의 삶을 담는 그릇이자 우리의 모습을 그대로 그려내는 캠퍼스가 건축이기 때문이다. 즉 생활 속에 숨은 건축의 모습들만 제대로 이해할 수 있다면 건축만큼 쉬운 학문도 없는 셈이다.

문제는 첫걸음이다. 당연히 그 첫발은 우리의 생활에서 시작해야 하리라. 그렇지만 이 방대한 건축에서 어떻게 청소년들이 이해하기 쉽고 궁금해하는 건축의 알파벳을 찾아낼 수 있을까? ‘생활 속의 건축? 인생을 닮은 건축?’이라. 이런 고민 끝에 나름대로 찾은 해결 방법은 바로 중·고등 교과 과정에서 한번쯤 배웠을 과학 지식을 건축에 접목시키는 것이었다. 더 나아가 일상 생활에서 경험했거나 혹은 궁금했을지도 모르는, 아니면 무심코 지나쳤을지도 모르는 건축과 관련된 의문의 답을 찾는 여정을 이 책에 담기로 했다.

한 가지 재미있는 것은 이 책을 쓰기 전까지 '나(我)'라는 서랍 속에 무엇이 들어 있는지 잘 모르고 살았다는 사실이다. 여태껏 무심히 살다 막상 서랍을 열어보니 정리가 되지 않은 잡동사니들로 가득 차 있음에 깜짝 놀랐다. 상황이 이렇다 보니 생각들을 정리하고 그것을 다시 윤색해 세상에 내놓는 게 부끄럽기 짝이 없다. 또한 건축 지식도 넉넉하지 않은 머릿속에 과학 분야까지 접목해 한 권으로 묶으려니 어려움은 둘째치고 혹 평생 과학에 매진하시는 분들께 누가 되지 않을까 조심스럽기만 하다. 그럼에도 16세기 중국 명나라의 문학자 왕세정王世貞의 "그림에 표현된 힘은 500년을 가고, 글씨에 표현된 힘은 800년을 간다. 그러나 오직 문장의 효력은 만년을 가도 길이 새롭다"는 말씀을 가슴에 담고 졸고지만 오랜 시간이 흘러도 늘 새로움을 주는 책으로 기억되길 바라며 이제 독자들의 손을 기다리게 되었다.

마지막으로 이렇게나마 내 복잡한 서랍 속을 정리할 기회를 주신 시공사(시공아트)와 이 책의 주제를 처음 제안하고 까다롭게 원고를 살핀 담당 기획 편집자 전우석 과장님, 읽기 쉽고 보기 좋게 만들어주신 편집 디자이너

홍지연님, 그림 작업을 맡으신 일러스트 작가 강희경님, 건축의 새로운 눈을 띄워주신 박언곤 교수님, 책의 내용에 꼭 필요한 이미지 사용에 도움을 주신 정명원 교수님, 이왕기 교수님, 홍승재 교수님, 서울문화사의 백혜경님, UIP korea의 김정원님, 거원시네마의 박상훈 선생님께 진심으로 감사의 마음을 전한다.

2007년 봄이 오는 길목에서

이재인

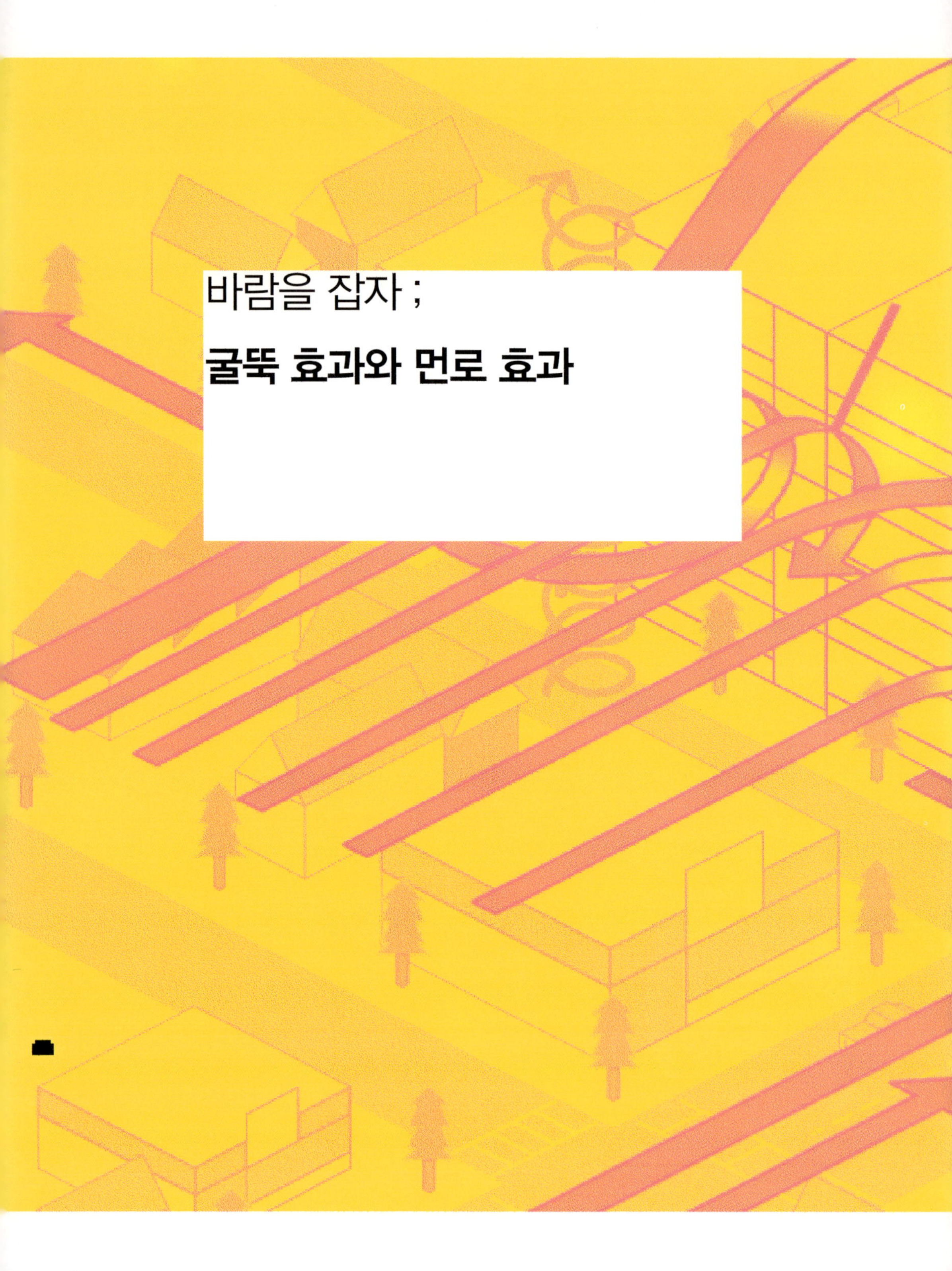
바람을 잡자 ;
굴뚝 효과와 먼로 효과

화려한 네온사인과 크리스마스 트리가 별빛을 무색하게 하는 연말의 도시. 송년 모임이나 선물을 사러 다니는 사람들로 거리는 북새통을 이룬다. 그런데 참 희한한 일이다. 이런저런 이유로 빌딩숲 사이를 헤쳐가는 인파의 모습을 유심히 보라. 바람 없는 날씨인데도 모두들 하나같이 제대로 숨을 쉬지 못하는 표정을 짓고 옷깃을 여민다. 거기다가 무엇을 피하려는지 연신 이리저리 고개를 돌려댄다. 거센 바람이 불어닥치는 것이다. 바람이 없는 날씨라고 해놓고선 뚱딴지같이 거센 바람이 불어닥치다니, 누굴 놀리나? 이런 현상은 꼭 겨울에만 일어나는 것은 아니다. 초봄이나 늦가을에도 대도시의 빌딩숲을 지날 때면 바늘구멍으로 황소바람 들듯 대단한 바람이 위용을 자랑한다. 겨울에는 칼바람으로 여름에는 후텁지근한 바람으로 지나가는 사람들에게 심각한 불쾌감을 안겨준다. 특히 바람을 타고 바닥의 먼지들이 일어나기에 고개를 아래쪽으로 두는 것은 언감생심焉敢生心이다.

"주형아, 네 방 정리 좀 해라. 그게 뭐니."

"어때서요?"

"어디 이 침대에서 잠을 잘 수 있겠니? 엄마 보기엔 빨래통에 책들이 잔뜩 쌓여 있는 것처럼 보이는구나."

초등학교 3학년인 주형에게 방 청소하게 만드는 것은 딱 두 가지다. 하나는 '자연감화형'이고 다른 하나는 '동기부여형'이다. 제법 말은 거창하지만 자연감화형은 아주 간단하다. 청소가 엄청 재미난 척하면서(특히 주형이는 진공청소기를 좋아한다) 청소를 하고 있으면 요란한 소리를 듣고 재빨리 달려나와 자기가 하겠다고 야단이다. 그렇다고 무작정 진공청소기를 그냥 줄 수는 없는 법. 청소에는 순서가 있다는 일장연설을 늘어놓으며 먼저 책상이나 침대 정리를 하라고 주문한다. 이때 잊지 말아야 할 것은 아주 재미있는 놀이를 빼앗긴 듯한 표정으로 청소기를 건네주어야 한다는 것이다.

두 번째 동기부여형은 이보다 더 간단하다. 그 꾀 많은 녀석은 집안일 도우미 아르바이트 장부를 만들어 항목마다 용돈 비용을 정해놓았다. 그야말로 세상에 공짜가 없음을 실감하지만 약 500원쯤 투자하면 아주 신속 정확하게 녀석의 방은 새 단장을 끝낸다.

아마 이 글을 읽는 친구들도 엄마와 비슷한 경험을 나눴을지 모르겠다. 누군가가 자신에게 무엇을 강요하는 것. 사랑하는 엄마라도 그럴 경우에는 부담스럽지 않을 수 없다.

여러분과 마찬가지로 자연 또한 강제를 거부한다. 사람이 마음대로 자연을 부리기란 좀처럼 쉽지 않으며 우연으로라도 자연이 억압당할 성싶으면 그 대가를 사람들에게 고스란히 되돌려준다.

이 장은 자연 중 '바람'을 이야기하려 한다. 사람들이 놓은 장애물 때문에 울부짖는 바람이 있는가 하면 감화와 동기를 받아 사람들에게 유익한 도움을 주는 바람이 있다. 자, 그럼 서로 다른 운명의 바람을 만나러 자연으로 떠나보자.

바람의 이유 있는 항변

화려한 네온사인과 크리스마스 트리가 별빛을 무색하게 하는 연말의 도시. 송년 모임이나 선물을 사러 다니는 사람들로 거리는 북새통을 이룬다. 그런데 참 희한한 일이다. 이런저런 이유로 빌딩숲 사이를 헤쳐가는 인파의 모습을 유심히 보라. 바람 없는 날씨인데도 모두들 하나같이 제대로 숨을 쉬지 못하는 표정을 짓고 옷깃을 여민다. 거기다가 무엇을 피하려는지 연신 이리저리 고개를 돌려댄다. 거센 바람이 불어닥치는 것이다. 바람이 없는 날씨라고 해놓고선 뚱딴지같이 거센 바람이 불어닥치다니, 누굴 놀리나? 이런 현상은 꼭 겨울에만 일어나는 것은 아니다. 초봄이나 늦가을에도 대도시의 빌딩숲을 지날 때면 바늘구멍으로 황소바람 들듯 대단한 바람이 위용을 자랑한다. 겨울에는 칼바람으로 여름에는 후텁지근한 바람으로 지나가는 사람들에게 심각한 불쾌감을 안겨준다. 특히 바람을 타고 바닥의 먼지들이 일어나기에 고개를 아래쪽으로 두는 것은 언감생심焉敢生心이다.

이 같은 일이 일어나는 이유는 사람들이 바람이 가야 할 길을 막아놓았기 때문인데, 이쯤에서 바람의 항변을 들어보자.

왓 슨 : 저는 홈즈 친구 왓슨입니다. 오늘 홈즈 휴대폰으로 이상한 사건
　　　　의뢰가 들어왔답니다. 빌딩 사이에서 여성들의 치마를 들치고,
　　　　먼지를 일으켜 사람들의 호흡기 계통에 문제를 일으키는 나쁜

놈이 있으니 꼭 잡아달라는 요청이었습죠. 다행히 사건의 용의자를 붙잡는 데 성공했습니다. 홈즈가 다른 일로 바빠 제가 대신 사건 기록을 작성해 전달하기로 했지요. 흠흠, 용의자 당신 이름이 뭐죠?

바 람 : 제 원래 이름은 길어요. 왓슨 씨가 한 번에 기억할 수 있을지 모르겠지만 '지표면에 대한 공기의 상대적 움직임'이라고 합니다. 이 밖에도 여러 가지 애칭이 있습니다만 그냥 보통 바람이라 불립지요.

왓 슨 : 거참 재미있는 이름이군요. 마치 인디언 이름 같기도 하고……. 그럼 하시는 일은?

바 람 : 이리저리 돌아다니며 기후와 날씨를 결정하고 조정하지요.

왓 슨 : 그렇게 중요한 일을 하시는 분이 왜 무고한 사람들을 괴롭히시는지요?

바 람 : 누가요, 제가요? 그건 오해입니다. 오히려 저는 피해잡니다.

왓 슨 : 오해라고요? 갑자기 피해자라니요. 당신이 빌딩 근처 바닥에서 돌풍을 일으켜 여자들의 치마를 들치거나 먼지를 일으킨 범인이 아니란 말인가요? 목격자가 한두 명이 아닌데 이렇게 발뺌을 해봤자 소용이 없어요. 증거가 확실하다고요. 이런 식으로 나오시면 제가 도울 길이 없습니다.

바 람 : 이렇게 된 마당에 솔직히 다 털어놓겠습니다. 사람들이 저의 또 다른 모습이 전부인 양 생각해 그런 오해를 했나 보군요. 그런 나쁜 짓은 지금의 제가 한 것이 아니라 빌딩 바람의 소행입니다. 평소 전 지킬 박사(자연 바람)와 같습니다. 그러다가 화가 치밀면 갑자기 하이드(난기류)로 변하거든요.

빌 딩 바 람 의   현 상 들

박 리 류剝離流 건물 벽면을 흐르던 바람이 모서리에 이르러 건물을 벗어나 주위보다 빠르게 흐르는 현상.

하 강 풍 바람이 건물에 부딪혀 분기점(건물 높이의 60~70퍼센트)에서 빠르게 하강하는 현상.

역류 하강풍이 지면에 도달하면 일부는 작은 소용돌이로 변하여 좌우로 흩어지고 일부는 지면을 따라 주변 바람의 역방향으로 흐르는 현상.

골짜기 바람 고층 건물이 근접해 있을 경우 양 건물의 박리류와 하강풍이 만나 건물 사이로 빠르게 흐르는 현상.

필로티pilotis **바람** 건물 아래의 필로티 같은 개구부 사이로 바람의 상 · 하가 만나 빠르게 흐르는 현상.

가로풍道路風 일반적으로 시가지에서 부는 바람을 일컫지만, 규칙적인 건물 사이에 유난히 높은 건물이 솟아 있거나 가로변에 고층 건물이 군집해 있어 상대적으로 도로폭이 좁은 지역의 경우 박리류나 하강풍이 가로를 따라 세차게 흐르는 현상.

소 용 돌 이 풍속은 약하나 풍향이 뚜렷하지 않은 건물의 뒷부분에 발생하며, 이를 특히 소용돌이 영역 wake이라 부른다.

상 승 풍 건물 모서리 하부에서 바람이 빙글빙글 도는 현상.

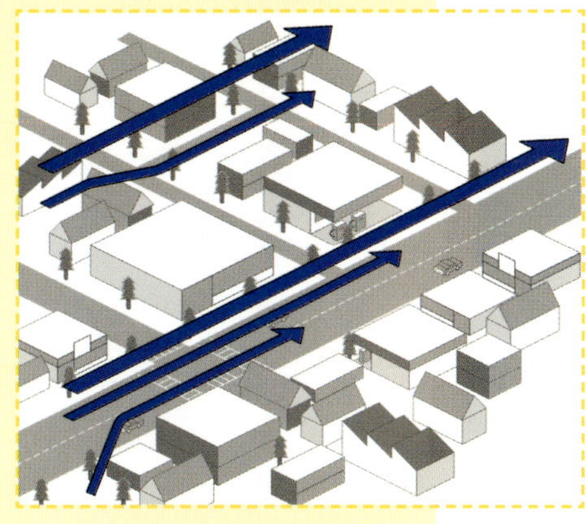

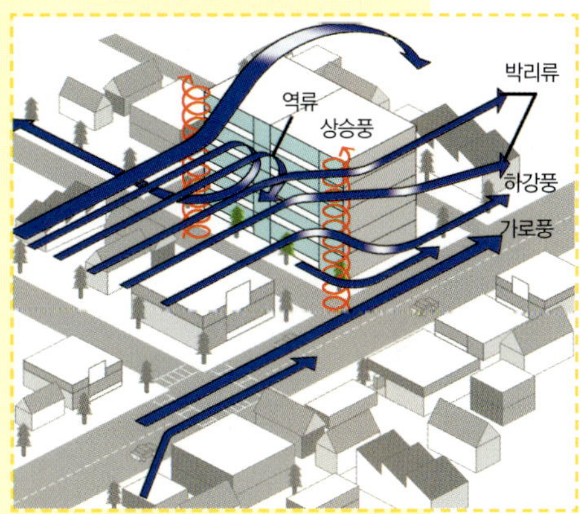

시가지 바람
빌딩 바람

왓슨 : 빌딩 바람이라고요? 당신의 다른 모습은 또 뭐죠? 참 흥미롭군
　　　요. 계속해보세요.

바람 : 저는 직업상 세상을 이리저리 돌아다닙니다. 천성적으로 수평
　　　방향으로만 움직일 수 있게 태어났습니다. 그런데 어느 날부터
　　　인지 사람들은 아주 높은 빌딩벽을 세워 제 갈 길을 가로막았어
　　　요. 좀처럼 피할 방법이 없는 저로서는 빌딩벽에 부딪힐 수밖에
　　　없습니다. 그러니 부상당해 떨어질 수밖에요. 떨어지면서 도와
　　　달라고 해도 어느 누구도 귀 기울이지 않더군요. 순간 화가 나 저
　　　도 모르게 하이드(수직류)로 변한 겁니다. 그리고는 빌딩을 떠돌
　　　며 돌풍을 일으켜서 여자들의 치마를 들치기도 하고 먼지를 일으
　　　키기도 했을 겁니다. 그나마 떨어질 때 힘이 약해져 원래 힘의
　　　30~40퍼센트 정도밖에 쓰지 못하는 것이 다행입니다. 제가 힘
　　　을 모두 쓰면 여자 치마 들치기로 끝나지 않았을 테니까요.

왓슨 : 정말 수직으로는 전혀 움직일 수 없다는 건가요?

바람 : 왓슨 씨, 이 세상에 예외 없는 법칙을 보신 적이 있나요? 천둥 속
　　　에서 비를 내리게 하는 구름(雷雲) 속이나 산을 넘어가는 등 아주
　　　특수한 경우를 제외한 일반 상황에선 수직으로 움직일 수 없어요.
　　　이 같은 특수 상황은 제 움직임의 약 1퍼센트 정도에 불과하지요.

왓슨 : 그렇군요. 그런 사정이 있는 줄 몰랐습니다. 저로서는 지금 당장
　　　도와드릴 수는 없으나 많은 과학자들에게 연락해 도움을 청해보
　　　지요. 그런데 이상한 점이 있습니다. 저는 언뜻 누군가 당신을
　　　'먼로'라고 부르는 것을 들은 것 같습니다만.

바람 : 아! 그 이름이요? 어느 여배우의 영화 때문에 얻게 된 이름입니
　　　다. 혹시 마릴린 먼로라는 여배우 아시나요?

왓 슨 : 아! 그《7년 만의 외출》이라는 영화로 유명한 여배우 말이죠? 당
연히 알죠.

바 람 : 특히 그녀가 유명해진 데는 지하철 환기구에서 올라오는 바람이
일등공신이었죠. 제가 그녀의 치마를 위로 들려올린 탓에 그녀
는 손으로 치마를 내리려 했지요. 사람들은 저의 이런 행동을 나
쁘게 변한(惡流) 빌딩 바람 녀석이 한 행동이랑 같다고 해서 '먼
로 바람^{Monroe effect}'이라고도 부르는 겁니다.

왓 슨 : 정말 재밌군요. 곧 당신의 사정을 세상에 알리겠습니다.

바 람 : 감사합니다. 그러나 과학자들의 도움을 받을 때까지는 저도 어
쩔 수 없다는 것을 알아주셨으면 합니다.

따지고 보면 바람도 빌딩숲을 지나는 우리처럼 명백한 피해자임에 틀림
없는 것이다. 그렇다면 도대체 가해자는 누구란 말인가?

연 기 없 는 굴 뚝 , 바 람 탑

"어머, 저 사진 정말 이
상하다. 저기가 어디지?"

"사진 밑에 지명이 있
잖아. 이란의 야즈^{yazd, 조로아스}
^{터교의 중심이며, 이란의 고도古都}, 이렇게
적혀 있는데. 그런데 뭐가
이상하다는 거야?"

"아니 도시 전체가 굴

이란의 야즈에서 볼 수 있는 바람탑들

현존 최대의 바람탑 Dowlat-abad Garden, 이란의 야즈

뚝만 보이잖아. 그나마 굴뚝에 연기도 피어오르지 않고 말이야.”

“음, 간단하잖아. 아니 땐 굴뚝에 연기 나랴. 즉 저 사진은 식사 준비 이
전에 찍은 것이지. 그래서 굴뚝에 연기가 없는 거야.”

“뭐, 그럴싸하기는 한데, 집집마다 식사 시간이 다 같지도 않을 테
고…….”

“도대체 네가 하고 싶은 말이 뭔데?”

“혹시 저거 굴뚝이 아니고 교회의 종탑 아닐까?”

“애, 너 너무한 거 아니니?”

“뭐가?”

“이란은 회교 국가야. 그런데 거기에 웬 종탑?”

“그럼 저게 뭔데?”

친구와 식사를 하러 들른 식당에서 옆 테이블에 앉은 대학생으로 보이
는 두 여인의 대화다. 사진의 비밀에 관해 열띤 추리를 듣고 있던 내 친구도
맘이 동했는지, “너는 어떻게 생각하니?라고 내게 묻는다. 그 질문에 “저 굴
뚝 같은 탑들이 뭘 것 같아?”라고 되물으니 다시 내게 묻는다.

“어머, 그건 네 전공이잖니. 그냥 좀 알려주라.” 그야말로 빨리 답을 내
놓으라고 재촉이다.

“저건 바람을 잡기 위한 바람탑 wind catcher 이야.”

“바람을 잡아다가 어디다 쓰는데?”

“집을 시원하게 하고, 또 얼음을 보관하는 창고에도 반드시 필요하지.”

“너 우리나라에만 있는 석빙고 말하는구나?”

“자연형 얼음 보관 창고가 우리나라에만 있었던 것은 아니야.”

이란의 기후는 건조하며 강수량이 적어 밤낮의 일교차가 심하다. 특히

한낮에는 태양열로 뜨겁게 달궈져 집에 있기조차 힘들다. 건축가들은 이 같은 자연 환경을 지혜롭게 극복하기 위해 바람과 손을 잡았다. 그렇다면 이 만만치 않은 바람에게 악수를 건넨 것은 누구일까? 도대체 협상 테이블에 누구를 내보냈을까? 바로 창문이다.

건물의 창은 세 가지 쓰임새가 있다. 공기가 들어올 수 있는 문의 역할을 하고, 태양 에너지를 받아들이도록 하고, 밖을 조망할 수 있게 한다. 이 세 쓰임은 서로 떼어낼 수 있기에 건축가들은 필요에 따라 쓰임새를 나누어 적절히 활용한다. 앞서 언급한 바람탑의 경우는 공기가 들어오는 문의 역할을 극대화시킨 경우라 할 수 있다.

그럼 바람탑에 대해 좀더 자세히 살펴보자. 일교차가 심한 사막 지역은 건조하고 강한 바람이 분다. 바람탑은 높은 대기에 있는 맑고 시원한 바람을 잡아 집 안의 열을 식히고 내부의 더운 공기는 위로 밀어내는 자연 환기 장치다. 중동 지역에는 바람탑들이 흔히 보이는데, 특히 이집트의 카이로에 가보면 말카프^{malkaf}라 부르는 독특한 집풍 장치集風裝置가 집 안 공기의 대류 현상을 유도해 한낮에도 집 안을 시원하게 해준다. 겨우 구멍 뚫린 탑 하나 세웠다고 밖에는 찌는 듯한 무더위가 기승을 부리는데 집 안은 시원하다고?

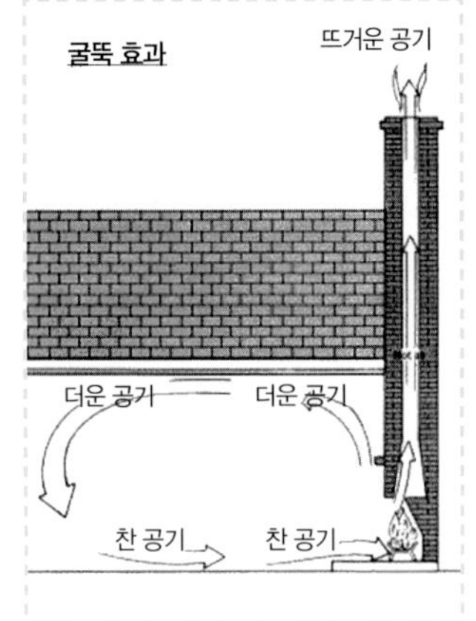

그렇다면 여기에는 어떠한 원리가 숨어 있을까? 건물 내부와 외부 공기 사이의 온도차에 따른 밀도차, 즉 부력차로 인한 대류 현상에 의한 자연 환기 현상이 그 비밀이다. 이를 '굴뚝 효과^{Stack Effect or chimney effect}'라 한다. 간단히 수직 공간을 통한 공기의 움직임이라 생각하면 된다. 평소 건물

　　팔만대장경이 보관되어 있는 합천 해인사 장경판고를 가 본 사람이면 대부분 그 허술함에 놀라고 만다. 그래서 언젠가는 훌륭한 건물을 지어 충분한 설비를 갖추고 옮기려 했던 적도 있었다. 그러나 새로운 시설로 옮기고 얼마 되지 않아 목판들이 틀리고 갈라지는 현상이 발생하여 지금의 자리로 되돌아왔다. 아무리 좋은 시설도 이 허술한 장경판고만 못했던 것인데, 무엇이 최신 설비를 물리친 것일까? 장경판고에는 팔만대장경이 두 장씩 포갠 상태로 세워져 있어 일정하게 좁은 간격들을 유지하고 있다. 이 간극間隙들이 굴뚝이 되어 좁은 경판 사이를 통과하면서 서서히 상승하는 대기의 또 다른 소규모 국부 대류권을 형성하여 온도와 습도의 조절과 균일화均一化를 촉진시킨 것이다. 이러한 친환경 환기 시스템은 현대 건축물에도 적극 도입되어 미국 유타 주에 있는 시온 국립공원Zion National Park 내의 방문객 센터 건물에도 자연 환기 시설로서 연기 없는 굴뚝을 활용하고 있다.

판테온 신전 구멍의 비밀

↑ 판테온 신전의 천장

로마의 판테온 신전 중앙 돔에는 8.2미터 가량 뚫린 개구부가 있다. 이 구멍으로 비가 새면 어떻게 할까 의아해 하는 사람들이 있을 것이다. 물론 비가 억수같이 쏟아진다면 당연히 빗물이 새겠지만, 이 지역의 연중 강수량은 적을 뿐 아니라 내리는 비의 양도 많지 않다. 그래서 보슬보슬 내리는 비 정도는 앞서 설명한 굴뚝 효과에 의한 자연 대류로 인해 빗방울이 안으로 침입하지는 못한다. 하지만 건물이란 비바람을 막아야 함이 당연한 것인데, 어째서 이다지도 큰 구멍을, 그것도 집 한가운데에다 뚫어놓은 것일까? 원래 판테온 신전은 BC 27년에 세워진 모든 신들을 위한 만신전(라틴어로 판테온pantheon이란 말은 영어로 Temple of all the Gods, 즉 모든 신을 위한 신전을 의미한다)이었다. 당시 이 신전에서는 온갖 제물을 바치고, 또 태우는 의식을 치렀다. 만약 이 구멍이 없었다면, 신전은 자욱한 연기 때문에 위엄은 물론 제 기능도 발휘하지 못했을 것이다.

말 카 프

대기 상층의 강하고 깨끗한 바람을 빨아들이는 장치, '말카프'에는 중앙을 높이 올린 '도르카 Dur-qãa'라는 공간이 있다. 이 공간이 바로 실내의 더운 공기가 외부로 빠져나가는 창문이다.

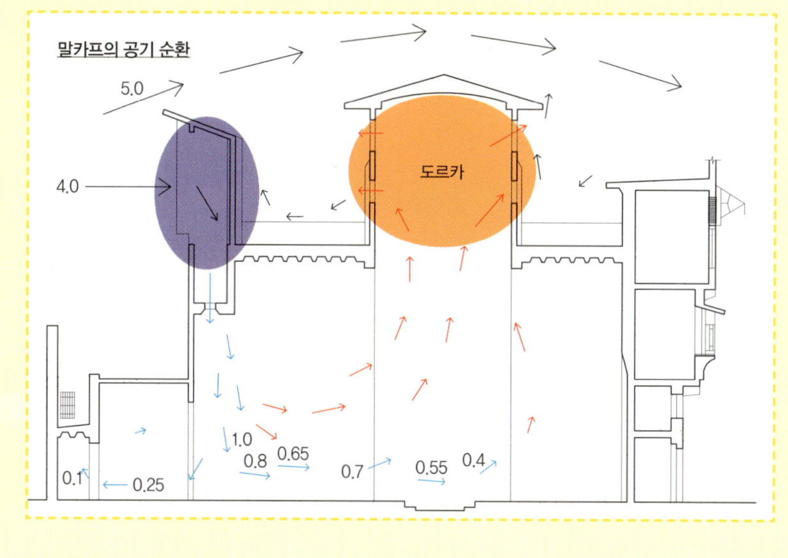

내의 자연적인 공기 유동은 대부분 굴뚝 효과이며 고층 건물 화재시에는 오히려 이 굴뚝 효과가 엘리베이터 슈트^{elevator chute}, 배관 슈트, 계단 등을 통해서 연기와 유독 가스를 폭넓게 확산시키기도 한다.

굴뚝 효과는 빌딩 내외에서 공기 밀도의 차이가 있을 때 나타난다고 했는데, 공기 밀도는 온도가 증가함에 따라 감소하며, 습도가 증가함에 따라 약간 감소한다. 겨울철에는 외부의 밀도가 높아져 지면 수준에서 건물로의 공기 침입이 발생하게 되고, 건물 내에서 위 방향으로 유동이 발생한다. 반대로 여름철에는 건물 상부에서 침입이 일어나 아래 방향으로의 유동이 일어난다. 이 영향으로 건물 내부에서 내부 압력과 외부 압력이 같아지는 수직 지점이 존재하게 되는데 이 위치를 중립 압력 수준^{neutral pressure level}이라고 한다. 이론적으로 균열 및 개구부가 수직으로 일정하게 분포되어 있다면, 중립 압력 수준은 정확히 건물 중앙에 위치한다.

우리나라에도 중동의 사막만큼이나 바람이 많은 제주도가 있다. 그러나 제주도의 전통 초가에는 굴뚝이 없다. 제주도의 여름은 그나마 바닷바람으로 견딜 수 있으나 문제는 겨울이다. 겨울의 매서운 칼바람에 굴뚝까지 가세하면 통풍이 너무 잘되는 탓에 금세 땔감이 재로 변할 것이다. 그렇게 되면 밤새 따뜻함을 유지할 수 없기 때문에 공기를 차단할 목적으로 굴뚝을 없앤 것이다.

이제 냉장고에 달린 굴뚝 이야기로 바람 이야기를 마무리 지을까 한다. 바람 잡는 굴뚝은 단순히 집 안을 시원하게 한 것뿐 아니라 냉장고의 냉매 역할까지도 수행했다. 우리나라의 석빙고에서도 무덤 같은 봉분 위로 솟아오른 굴뚝을 볼 수 있다. 바로 이 굴뚝 때문에 상승한 더운 공기가 밖으로 배출되며 비로소 석빙고가 제 역할을 수행할 수 있다. 석빙고는 벽이나 지붕을 통해 들어오는 열, 문을 여닫을 때 들어오는 열을 최대한 줄이고, 또 제거하도록 건축되었다. 그 결과 내부의 얼음이 잘 녹지 않는 것이다.

그렇다면 이러한 얼음 창고가 우리나라만의 독창적인 기술일까? 아니다. 주택에 바람탑을 사용했던 이란 사람들은 BC 400년 이를 천연 냉장고^{yakh-chāl, ice pit}에 이용했다. 그들의 여름은 우리보다 혹독하기에 얼음이 더욱 절실했을 것이다. 석빙고가 얼음 전용 보관 창고라면 이란의 경우는 다목적용이었다. 지하를 흐르는 수로 위에 표면적을 가장 작게 할 수 있는 형태인 돔과 6개의 바람탑을 세워 밤 사이 돔 아래에 언 얼음^{1월 사막의 밤기온은 0도 정도}을 아

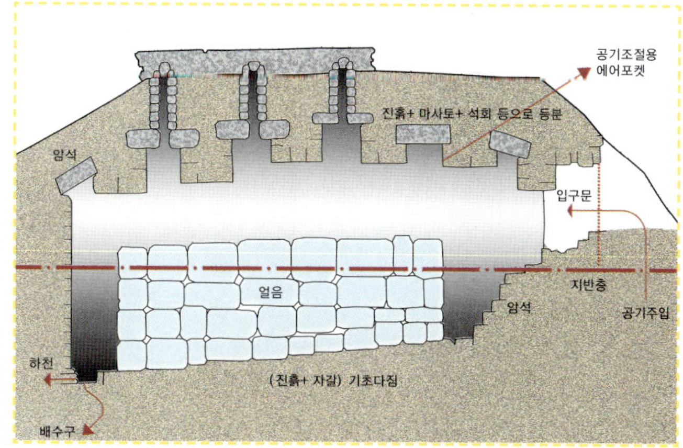

공기조절용
에어포켓
진흙+ 마사토+ 석회 등으로 등분
암석
입구문
얼음
지반층
암석
공기주입
하천
(진흙+ 자갈) 기초다짐
배수구

경주 석빙고의 모습: 언덕 위에 튀어나온
3개의 통풍구가 보인다
경주 석빙고 단면도(신동수 교수 논무 참조
도식)

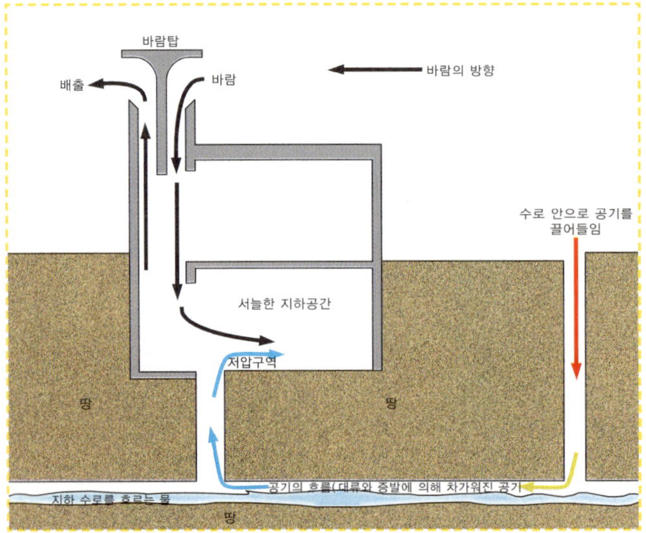

↑ 야즈의 수로 카나트(qanat) 위에 설치된 돔과 바람탑

↓ 카나트 단면도

침이면 가게에 팔았다. 이 얼마나 바람을 잘 다스려 활용한 경우인가. 자연에 숨은 과학 원리를 잘 파악하는 것. 바로 자연의 위대함을 제대로 만끽하는 최선의 방법임을 깨우쳐주는 좋은 예다.

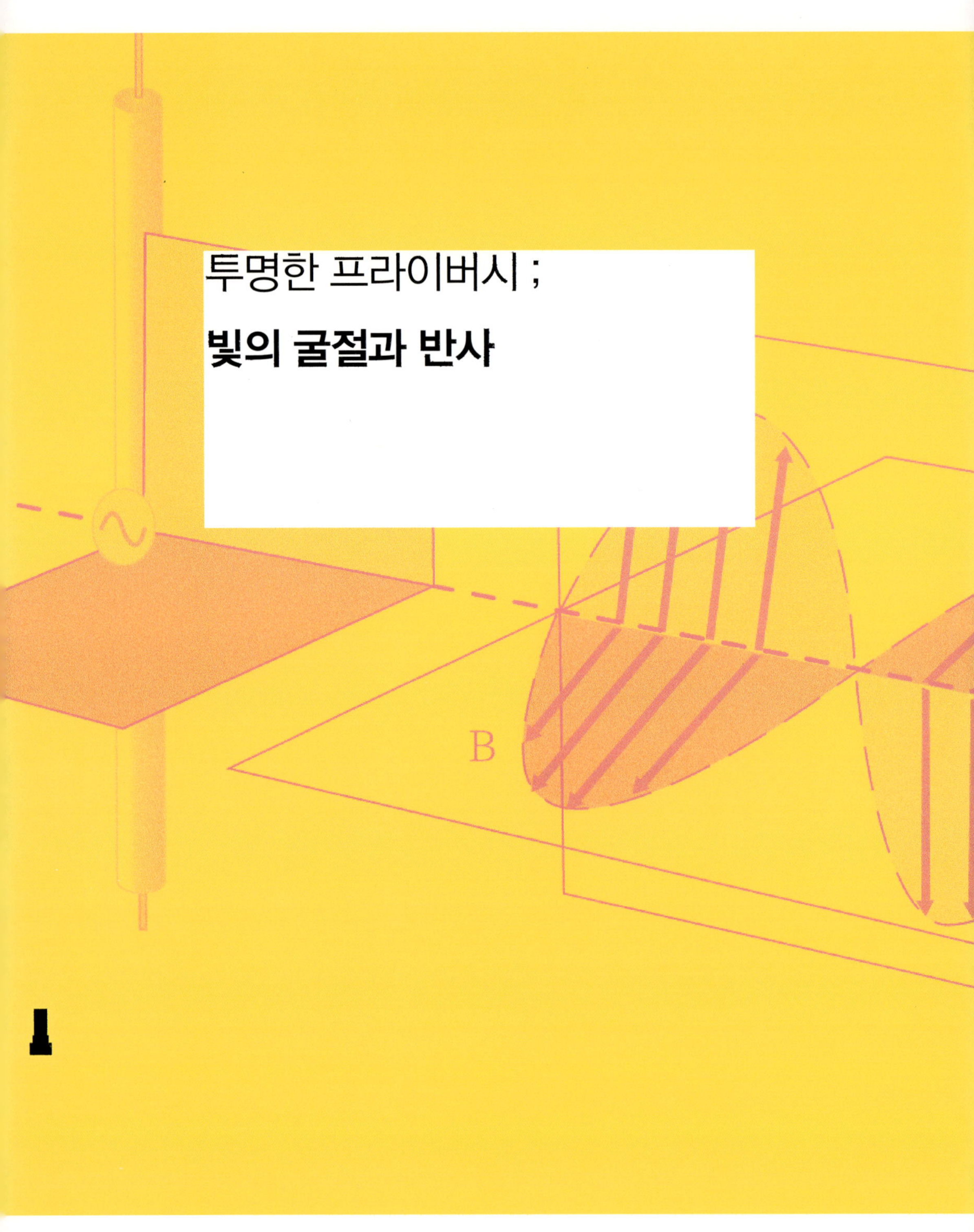

투명한 프라이버시 ;
빛의 굴절과 반사
B

과학적으로 보자면 결국 물 속은 일정한 법칙이 있어 조금만 주의한다면 허상(겉보기 깊이)에 속지 않을 수 있는 것이다. 그렇다면 왜 사람 속은 모른다는 걸까? 이것도 물리학적으로 답변해보자면 사람이란 전반사 물질로 구성되어서 그 속을 절대 내비치지 않고 모두 반사해버리기 때문이 아닐까 가정해본다. 그러면서도 남들 속은 궁금하여 투명한 것을 선망한다. 그래서 현대의 사람들은 투명한 옷, 투명한 화장, 투명한 가방, 투명한 신발 등을 좋아하는 게 아닐까? 이에 부응하기라도 하듯 건축에서도 투명한 유리의 인기는 가히 폭발적이어서 집 전체를 유리로 씌우는 일이 허다하다. 유리로 집을 지으면 냉난방비도 많이 드는데 왜 그렇게 유리로 지은 집이 많은 걸까?

열 길 물 속은 알아도 한 길 사람 속은 모른다? 과연 열 길 물 속이 진실할까?

이야기는 이렇게 시작된다. 어린 짐 호킨스와 장님 사내 존 실버가 보물을 찾아 항해하던 중 바닷속에서 보물 상자를 발견한다.

짐 호 킨 스 : "아저씨! 바닷속에 상자가 보여요. 보물 상자 같아요."

존 실 버 : "그래?"

짐 호 킨 스 : "우리 건져올려요. 깊이가 얼마 안 돼 보이는걸요."

존 실 버 : "깊이가 얼마쯤 돼 보이니?"

짐 호 킨 스 : "한 15미터쯤 돼 보여요."

존 실 버 : "그렇다면 보물 상자는 20미터 깊이에 있다."

짐 호 킨 스 : "무슨 말씀이세요?"

존 실 버 : "물 속은 우리가 알고 있는 것만큼 진실하지 않아서, 그 속에 들어가면 사물을 왜곡시키지. 너도 그런 경험을 했을 거야. 욕조에 발을 담그면 다리가 짧아진다거나 국에 젓가락을 넣으면 굽어 보이는 그런 거 말이다. 이런 현상을 굴절이라고 말하는데, 빛의 움직임 법칙 중 하나란다."

짐 호 킨 스 : "빛의 움직임 법칙에는 어떤 것이 있는데요?"

존 실 버 : "세 가지 법칙이 있는데, 빛은 공기 중에서 다른 것에 부딪히지 않는 한 직진하려는 성질이 있고, 그렇게 움직이다가 다른 물질(매질)을 만나면 꺾이고(굴절 법칙), 되돌아오려는 성질(반사 법칙: 법선을 기준으로 한 입사각과 반사각은 같다)이 있단다. 이러한 굴절과 반사는 안경 같은 렌즈와 거울의 차이를 만들어낸단다. 즉 렌즈는 빛의 굴절을 이용한 것이고, 거울

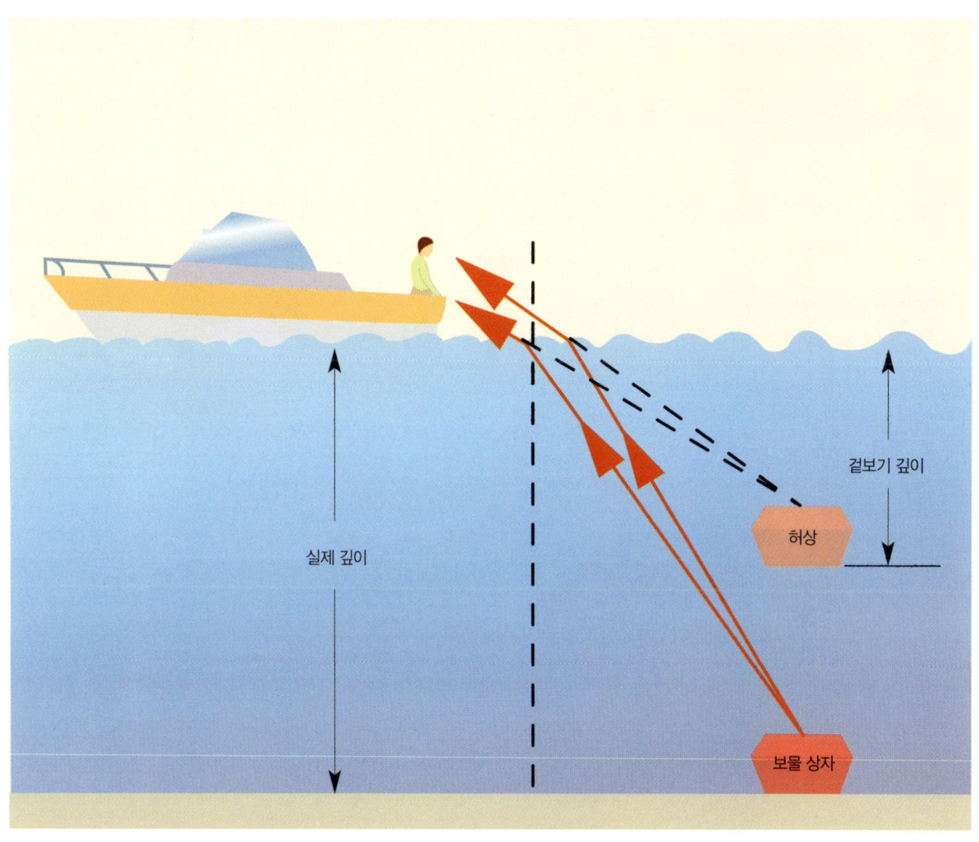

빛의 굴절에 의한 물 속의 사물에 대한 겉보기 깊이 개념

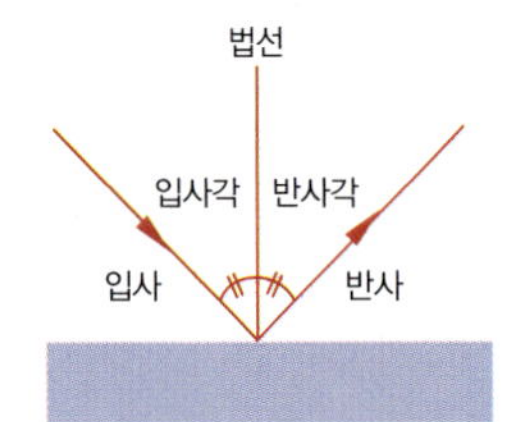

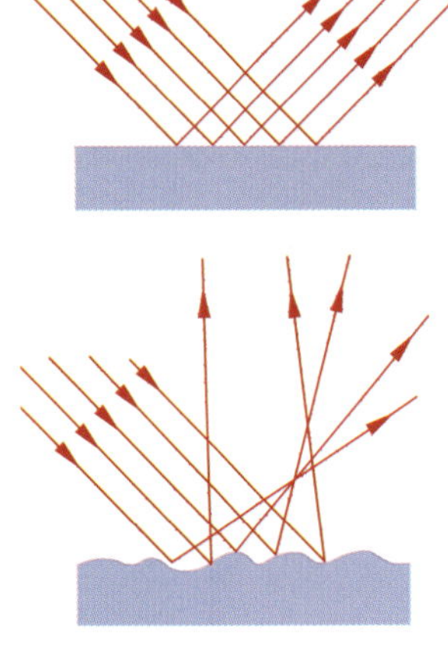

은 빛의 반사를 이용한 것이란다. 그리고 흔히 광학에서 반사라고 말하는 것은 매질의 경계면이 거울처럼 평평한 것을 기준으로 하며, 물결면처럼 울퉁불퉁한 표면에 입사한 빛이 여러 방향으로 산란 방사해서 흩어지는 현상인 난반사와 구분한단다.”

짐 호킨스 : “그런데 굴절은 왜 생기나요?”

존 실버 : “빛은 입자들의 파동이란다. 파동 알지? 마치 바다의 물결 같은, 그리고 빛이 파장에 직각을 이루면서 직진하다가 다른 물질(매질) 속으로 들어가면 매질 간 속도 차이 때문에 빛이 꺾이는데 이를 굴절이라고 하는 것이란다.”

짐 호킨스 : “속도요?”

존 실버 : “그래 속도. 빛은 앞으로 나아갈 때 반드시 운반 물질(매질)을 필요로 하지 않는단다. 매질을 반드시 필요로 하는 소리와 다르다고 할 수 있지. 그래서 소리는 진공에서는 아예 갈 수가 없으며 공기 속보다 밀도가 큰 물 속에서 더 빠르게 진행하는 것과 반대로, 빛은 매질이 성긴 진공이나 기체 상태에서 빠르게 움직이고 액체에서 고체로 갈수록 느리게 움직인단다. 즉 전달자(매질)들을 귀찮아 하는 거지. 즉 네가 공기 중에서는 잘 달릴 수 있지만 수영장이나 바닷물에서 달리려면 물의 저항 때문에 힘든 것 같은 거란다. 보통 빛은 공기 중에서 1초에 30만 킬로미터의 속력으로 움직이는데, 물 속에서는 25퍼센트 느려지고, 유리 속에서는 35퍼센트가 느려진단다. 그런데 빛은 항상 밀도

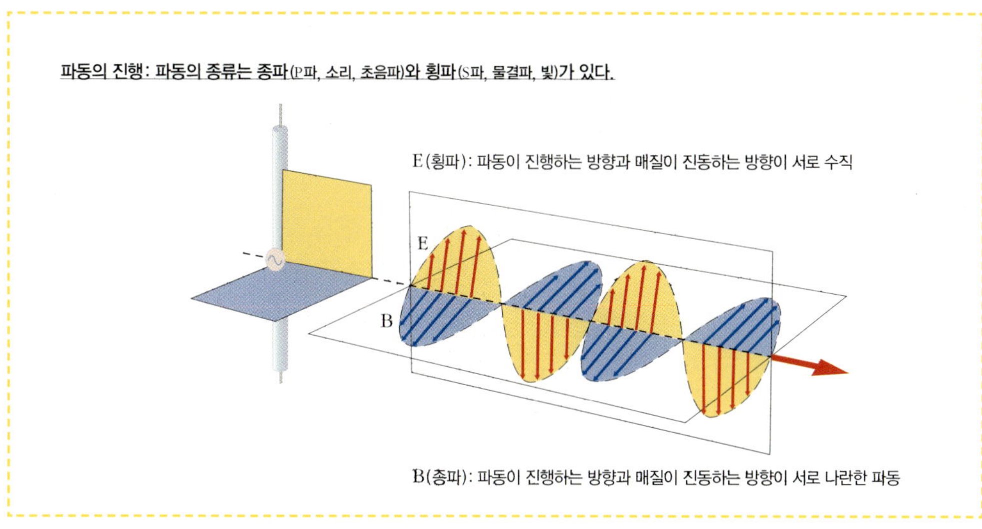

가 큰 쪽(빛의 속도가 느려지는 쪽)으로 굴절하는 성질을 가지고 있단다."

짐 호 킨 스 : "아! 그래서 물 속에 있는 물체는 꺾여 보이는구나."

존 실 버 : 그렇단다. 정확하게 말하자면 빛이 꺾이는 것이지. 이러한 원리는 네덜란드의 W. 스넬이 1615년에 발견했는데, 그의 이름을 따서 '스넬의 법칙snell's law' 혹은 나타나는 현상 때문에 '굴절의 법칙'이라고도 부른단다."

짐 호 킨 스 : "원리는 알겠는데요, 어떻게 정확히 20미터라고 말씀하셨어요?"

존 실 버 : "그건 의외로 간단하다. 물질에 따라 빛의 꺾임 정도가 다 다른데, 이를 굴절률(n)이라고 하지. 그리고 진공 상태를 기준으로 정한 굴절률을 절대 굴절률이라고 하는데 흔히 줄여서 굴절률이라고 한단다. 그리고 물의 굴절률은 4분의 3이란다. 그러니까 실제 깊

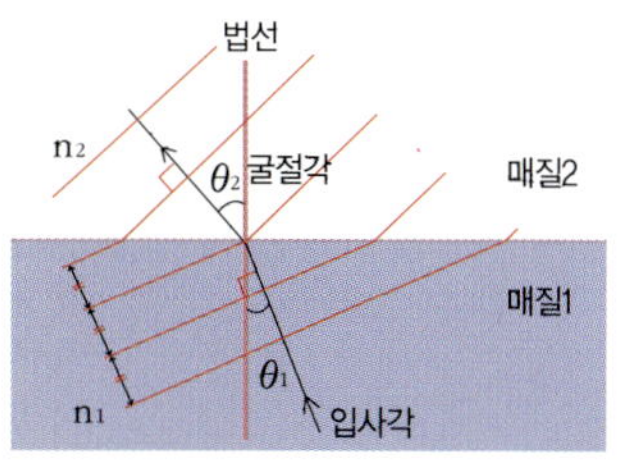

스넬의 법칙
$n_1 \sin \theta_1 = n_2 \sin \theta_2$

이의 4분의 3(1.33)에서 물체는 떠 보이는 것이지."

짐 호 킨 스 : "아 그러니까 내가 아까 보물 상자가 15미터 정도 깊이에 있는 것같이 보인다고 말했으니, 15＝h/1.33이고, 실제 깊이 h는 20미터인 거구나."

존 실 버 : "이제 확실히 이해가 간 모양이구나. 물 속은 겉보기와는 다르다는 걸 이제 알겠지? 물 속은 실제보다 1.33배 정도 얕아 보이므로 항상 조심해야 한단다."

↑ 독일의 근대 건축가 미스 반 데어 로에

과학적으로 보자면 결국 물 속은 일정한 법칙이 있어 조금만 주의한다면 허상(겉보기 깊이)에 속지 않을 수 있는 것이다. 그렇다면 왜 사람 속은 모른다는 걸까? 이것도 물리학적으로 답변해보자면 사람이란 전반사 물질로 구성되어서 그 속을 절대 내비치지 않고 모두 반사해버리기 때문이 아닐까 가정해본다. 그러면서도 남들 속은 궁금하여 투명한 것을 선망한다. 그래서 현대의 사람들은 투명한 옷, 투명한 화장, 투명한 가방, 투명한 신발 등을 좋아하는 게 아닐까? 이에 부응하기라도 하듯 건축에서도 투명한 유리의 인기는 가히 폭발적이어서 집 전체를 유리로 씌우는 일이 허다하다. 유리로 집을 지으면 냉난방비도 많이 드는데 왜 그렇게 유리로 지은 집이 많은 걸까? 현대에 이렇듯 각광받는 '유리집' 역사의 선두에는 독일의 근대 건축가 미스 반 데어 로에 Mies van der Rohe, 1886~1969가 있다. 그는 판스워스 주택 Farnsworth House, 1946~1951을

전 반 사

전반사全反射, total internal reflection란 굴절률이 큰 매질에서 작은 매질로 들어온 광선이 나아가지 못하고 굴절률이 큰 매질 표면에서 100퍼센트 반사되는 현상. 2개의 투명한 매질 경계면에서 발생한다. 예컨대 바닷속($n=1.33$)으로 일단 들어온 태양광이 공기($n=1$) 중으로 빠져나가지 못하고 반사되어 우리가 스노클링을 즐길 때 아름답고 영롱한 빛을 남기는 것이나, 유리($n=1.5\sim1.6$)를 통해서 들어온 빛이 빠져나가지 못하고 온실 효과를 일으키는 것이 이에 해당한다.

↥ 바닷속에서 볼 수 있는 전반사

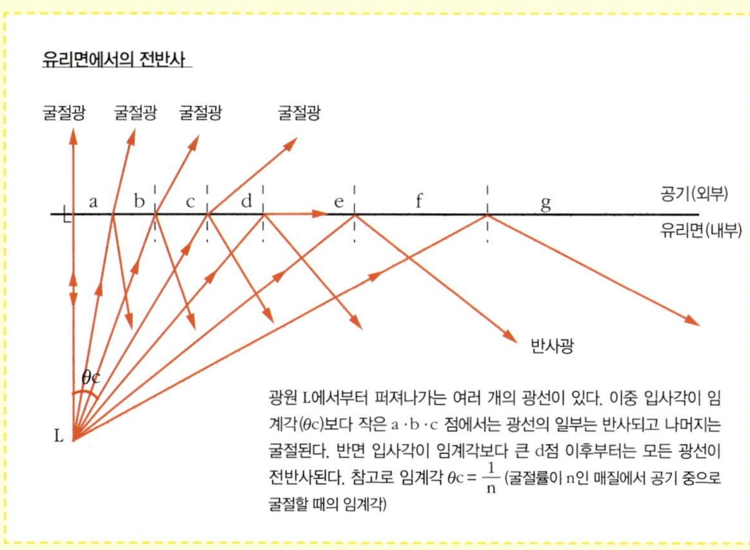

광원 L에서부터 퍼져나가는 여러 개의 광선이 있다. 이중 입사각이 임계각(θc)보다 작은 a·b·c 점에서는 광선의 일부는 반사되고 나머지는 굴절된다. 반면 입사각이 임계각보다 큰 d점 이후부터는 모든 광선이 전반사된다. 참고로 임계각 $\theta c = \dfrac{1}{n}$ (굴절률이 n인 매질에서 공기 중으로 굴절할 때의 임계각)

지을 때 자연과 나 사이의 경계였던 건물을 투명하게 하여 내부 공간의 확장 및 자연과의 하나 됨을 강조하며 유리의 시대를 연 장본인이다.

그러나 지금 그의 유리집은 집이 아니라 전시물일 따름이다. 어째서 이 집은 사람을 몰아낸 채 박물관적 가치만을 자랑하고 있는 것일까? 아니 근대 건축물은 어째서 실패한 것일까? 문제는 이 공간에 있으면 사람들의 눈을 피할 곳, 즉 프라이버시Privacy, '사람의 눈을 피하다'라는 라틴어 'Privatun'에서 유래했다가 없다는 것이다. 그렇다면 이 건물을 지을 당시 건축가는 왜 이를 염두에 두지 않았단 말인가. 프라이버시란 개념이 처음 등장한 것은 뉴욕 언론이 무차별적으로 개인의 사생활을 폭로해 사회 문제가 되었던 19세기 말경부터였다. 1890년 워렌Warren과 브랜다이스Brandeis는 이러한 문제점을 지적한 『프라이버시의 권리The Right to Privacy』를 발표했고, 이를 통해 '프라이버시'라는 권리를 인정받는 계기를 마련했다. 그러나 실제 이 권리가 법으로 인정받기 시작한 것은 70년 후인 1960년이었다.

이렇게 짧은 역사에도 불구하고 현대인들에게 프라이버시는 그 어떤 것보다 중요해졌다. 때문에 자신을 완벽하게 노출하는 미스 반 데어 로에의 근대 건축물은 그 누구도 견딜 수 없는 지옥이었을 것이다. 어쩌면 완전한 프라이버시가 보장된 감옥의 독방보다도 더 가혹한 곳이었으리라.

그럼에도 '퍼블리즌Publizen, 공개publicity와 시민citizen을 합성한 신조어로 인터넷 등을 통해 사생활의 노출을 즐기는 신세대를 일컫는 말이다'에게는 유리가 주는 투명함만은 여전히 떨칠 수 없는 유혹인 모양이다. 그들은 마음속으로 '유리로써 프라이버시만 얻어낼 수 있다면 이보다 더 좋은 재료는 없을 텐데……'라고 중얼거릴지도 모른다. 이러한 모순에 해답을 제시한 것이 바로 반사(거울)와 굴절(유리)이다. 즉 내부가 광학적 렌즈 상태인 유리를 만들어 안에서는 밖이 투명하게 보이고, 밖에서는 거울 상태로 빛을 반사해 프라이버시를 지킬 수 있는 양면성 재료가 탄생한 것이다. 이로써 유리는 현대에서 가장 각광받는 건축 재료로 새롭게 주목받기 시작했다. 현재 우리가 사용하는 유리 대부분은 반사 유리^{Half Mirror}이며 이 재료를 통해 투명한 프라이버시를 보장받게 되었다. 그렇지만 자신을 감추면 감출수록 서로에 대한 이해와 사랑은 빛을 잃고 개인적인 폐쇄 경향의 사회가 되지 않을까 걱정스럽기도 하다. 어찌되었든 유리는 프라이버시의 한계를 극복했다. 만약 미스 반 데어 로에가 이 신소재 유리를 접할 수 있었다면 우리 눈앞에 더 멋진 건축물이 놓여 있을지도 모를 일이다.

밝은 보름달 빛

바하 J. S. Bach의 《푸가의 기법(예술)The Art of Fugue》

성 베드로 광장

타지마할

거울

너무 엉뚱하고 관계성이 없어 보이는 위 단어들의 공통점은 무엇일까? 생물학적 견지에서 보자면 특정 자극에 대해 주로 직접적이고 즉각적인 반응을 일으키는 비교적 단순한 행동 양태로 표현되며, 물리학적 견지에서 보자면 파동이 한 매질媒質에서 다른 매질을 향해 전파해갈 때, 경계면에서 일부 파동이 진행 방향을 바꾸어 원래의 매질 안으로 되돌아오는 현상인 반사다. 즉 달은 스스로 빛을 내는 것이 아니라 단지 태양의 빛을 반사하는 것이고, 바하의 '푸가의 기법'은 마치 거울에 비친 상처럼 반사된 음절이 나타나는 것이며, 타지마할은 수로에 비친 마우솔레움^{mausoleum, 화려하고 커다란 무덤}이 주는

성 베드로 광장. 로마

 <u>바하의 《푸가의 기법》 악보</u>(출처: <u>Symmetries in music by Mária Apagyi</u>)

영묘함이 사람들을 더욱 경이롭게 하는 것이고, 거울은 더 말할 것도 없다. 하지만 자신을 드러내지 않은 채 남의 모습만을 돌이켜 보여주는 '반사'가 득세할수록 세상은 더욱 살기 어려워진다는 생각이 든다. 친구들도 나와 같은 마음인가?

사상누각 ;

지내력

그렇겠지. 당연히 아이의 눈엔 피라미드가 서 있는 모래 바닥만 보였으리라. 우리 눈에 뿌리가 보이지 않듯, 건물에서도 '기초'라는 부분이 보일 리 만무하다. 보통 사람들에게 집을 그리라고 하면 대부분 지붕부터 그리기 시작한다. 그러나 집 짓는 사람에게 집을 그리라고 하면 아마 주춧돌부터 그리기 시작할 게다. 땅속 깊이 박힌 기초 따위에 누가 관심을 가지랴. 언뜻 모래 위에 서 있는 것처럼 보이는 피라미드도 사실은 단단한 땅 위에 지어졌기에 수천 년을 견디고 여전히 건재할 수 있었던 것이다. 우선 땅을 이해하는 것이 중요하겠다.

우리가 서 있는 땅은 마치 양파처럼 여러 층의 껍질로 되어 있다. 따라서 당장 밟고 서 있는 곳이 모래라 해서 그 밑도 모래인 것은 아니다. 피라미드가 서 있는 사막도 모래층을 걷어내면 단단한 석회석 지반이 나오며, 이 견고한 지반이 있었기에 피라미드가 사상누각 신세를 면한 것이다. 석회석은 로마 시대에 화산회火山灰와 함께 사용되었다 하여 콘크리트의 시초라고 알려졌을 정도이니 그 강도는 보증할 만한 것이다.

열심히 공부할 텐데 그땐 왜 그랬는지 몰라. 지금 보니 세상에서 공부하는 것만큼 쉽고 편한 일이 없는데 말이야."

이 책을 읽는 친구들도 이와 비슷한 말을 귀에 못이 박이게 들었을 것이다. '공부'라는 단어만 들어도 짜증과 함께 두통으로 머리가 무거워질 친구들에게 조금은 미안하지만 이 말은 나라의 경제 상황이 좋지 않아 사업이 잘되지 않는 친구의 푸념이다. 물론 나의 경우도 이 비슷한 생각을 해본 적이 있었지만, 지금으로서는 학창 시절로 돌아갈 의사가 전혀 없다. 이제 겨우 초등학교에 다니는 아들 녀석을 보면 혀가 절로 내둘러지기 때문이다. 기본 교과목도 세분되어 있는 데다 중학교 과정으로 알았던 영어는 물론이요, 한자까지 필수이니 말이다. 거기다가 수학은 왜 그리 어려운지. 객관식에 길들여진 내겐 너무 벅찬 주관식이 화려하게 지면을 장식한다. "엄마, 이 문제 좀 도와줘요." 하

며 녀석이 코앞에 수학 문제를 들이댈라치면 머리를 쓰기도 전에 식은땀부터 난다. "잘 모르겠는데……"라고 머뭇거리면 녀석은 "엄마는 박사라면서 그것도 몰라요?" 하고 볼멘소리를 한다. 그리고는 절호의 기회를 잡은 양 꼭 후렴구를 놓치지 않는다. "그것 봐요, 엄마도 내가 얼마나 힘든지 이제 좀 알

모래 위에 지은 것처럼 보이는 쿠푸 왕Khufu의 피라미드

누 각

경회루의 모습

　　누樓란 기둥이 한 층의 받침이 되어 마루(廳)가 높은 다락집, 즉 2층 집을 말한다. 2층이다 보니 안전을 위한 난간을 설치하고 사방을 트이게 한 집으로 경관을 바라보며 쉬거나, 연회를 베풀거나, 공연 장소로 사용되었다. 그 외에 성의 문루門樓나 망루望樓처럼 감시 기능을 담당하는 누각도 있다.

　　또한 이렇게 누의 형태를 한 우리나라 전통 건축물에는 누각 이외에 누정樓亭이라고 하는 정자가 있었다. 생김새는 서로 유사하나 누각이 공적인 것인 데 비해 정자는 개인적 공간이었다는 점에 차이가 있다.

겠지요? 그러니까 시험 못 봤다고 저 야단치지 마세요.” 아니나다를까 가방에서 70점짜리 시험지를 보란 듯이 들이밀며 미안해 하기는커녕 기세등등이다.

언젠가 녀석이 한자성어 공부를 하다 “사상누각砂上樓閣이 무슨 뜻이에요?”라고 내게 물은 적이 있었다.

“자, 차근차근 한번 볼까. 한 글자 한 글자 뜻을 헤아려보면 모래 사, 위상, 다락 누, 문설주 각이거든. 즉 ‘모래 위의 누각’이란 의미지. 누각은 우리나라의 전통 건축물이야. 그러니까 모래 위에 집을 짓는다는 말이야. 일반적으로 대충 일을 처리해 오래 가지 못할 것이 뻔히 보이는 경우나, 아예 실현 불가능한 일을 비유할 때 쓰는 성어란다.”

“에이, 그거 거짓말이다. 모래 위에 있는 피라미드는 아주 오래전에 지었는데도 아직 끄떡없잖아요?”

녀석의 예리한 질문에 적이 놀랐지만 ‘거짓이다, 거짓이 아니다’라고 딱 잘라 말할 수가 없었다. 그 이유를 지금부터 친구들과 생각해보자.

거 짓 이 다! 거 짓 이 아 니 다!

그렇겠지. 당연히 아이의 눈엔 피라미드가 서 있는 모래 바닥만 보였으리라. 우리 눈에 뿌리가 보이지 않듯, 건물에서도 ‘기초’라는 부분이 보일 리 만무하다. 보통 사람들에게 집을 그리라고 하면 대부분 지붕부터 그리기 시작한다. 그러나 집 짓는 사람에게 집을 그리라고 하면 아마 주춧돌부터 그리기 시작할 게다. 땅속 깊이 박힌 기초 따위에 누가 관심을 가지랴. 얼핏 모래 위에 서 있는 것처럼 보이는 피라미드도 사실은 단단한 땅 위에 지어졌기에 수천 년을 견디고 여전히 건재할 수 있었던 것이다. 우선 땅을 이해하는 것이 중요하겠다.

우리가 서 있는 땅은 마치 양파처럼 여러 층의 껍질로 되어 있다. 따라서 당장 밟고 서 있는 곳이 모래라 해서 그 밑도 모래인 것은 아니다. 피라미드가 서 있는 사막도 모래층을 걷어내면 단단한 석회석 지반이 나오며, 이 견고한 지반이 있었기에 피라미드가 사상누각 신세를 면한 것이다. 석회석은 로마 시대에는 화산회火山灰와 함께 사용하여 콘크리트의 시초라고 알려질 정도이니 그 강도는 보증할 만한 것이다.

아이의 질문에 내가 한마디로 '거짓말이 아니다'라고 이야기할 수 없었던 까닭은 메이덤^{Meidum} 피라미드 때문이다. 일반적인 피라미드는 앞서 설명한 것처럼 모래 아래 견고한 땅을 기반으로 지어진 반면, 메이덤(BC 2670) 스네프르 왕의 굴절형 피라미드는 단단한 돌을 기초로 삼아 모래 위에 그대로 지어졌다. 피라미드 자체도 불가사의한 건축물인데, 사상누각인 이 메이덤 피라미드의 건재함은 아직도 학자들에게 수수께끼로 남아 있다.

메이덤 피라미드의 미스터리만 제외하면 일단 사상누각은 불가능하다는 것인데, 그러면 도대체 왜 모래는 그 위에 건축물을 허락하지 않는 것일까? 단도직입적으로 말하면 지내력地耐力 때문이다. 지내력이란 건물이 서 있는 땅(지반)이 장기적으로 외력에 견딜 수 있는 응력應力^{stress}이 어느 정도인가를 말한다. 즉 땅이 오랫동안 건물의 무게(압력)를 견디는 정도를 의미한다. 모래는 이 대항하는 힘이 약하다. 힘은 하나보다는 둘, 둘보다는 셋, 셋보다는 그 이상 뭉쳐야 세진다. 뭉치면 살고 흩어지면 죽는다는 말을 떠올리면 쉽게 이해가 갈 것이다.

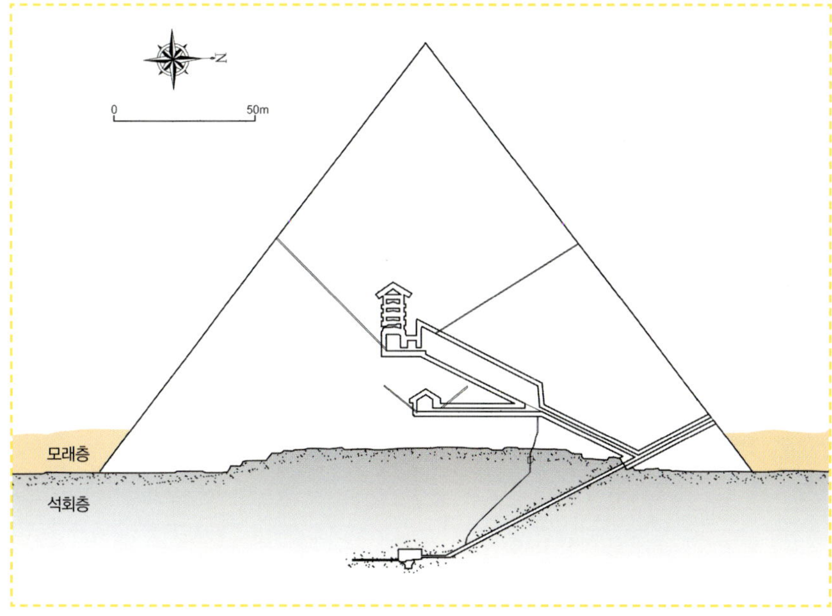

모래 위에 지어진 메이덤 피라미드의 모습

일반 피라미드의 단면

콘 크 리 트

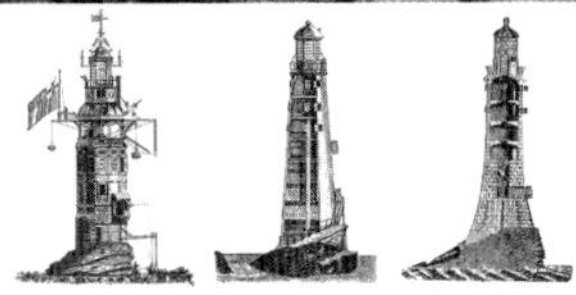

↑ 영국의 토목기술자 스미턴
· 스미턴의 등대
↓ 포틀랜드 시멘트를 만든 조셉 애습딘

"벼룩 잡자고 초가삼간 다 태운다"는 말이 있다. 아마 현대의 콘크리트가 이 격이 아닐까 싶다. 요즈음 새집증후군이니 빌딩증후군SBS, sick building syndrome 등이 '참살이 열풍'을 등에 업고 콘크리트를 궁지에 몰고 있기 때문이다. 그러나 과연 콘크리트가 지탄의 대상인지는 좀더 두고 볼 일이다. 콘크리트의 인체 유해 문제는 여전히 초미의 관심사지만 2005년을 기준으로 매년 콘크리트 건물은 60억세제곱미터씩 새롭게 지어지고 있다. 이를 전 지구인의 비례로 보자면 1인당 1세제곱미터씩 늘어나는 꼴이다. 여러 재료들이 합쳐져(con-) 새로운 창조(crete)물을 만들어내는 콘크리트에 대해 아무런 대안 없이 비판하는 것은 문제의 소지가 있다.

도대체 언제부터 콘크리트를 사용한 것일까? 현대의 콘크리트는 시멘트·골재·물을 일정 비율 섞어 굳힌 것이다. 다르게 표현하자면 물에 모래나 자갈 같은 골재와 시멘트가루를 섞어 붙인 것이라 표현해도 좋겠다. 이러한 현대적 개념의 포틀랜드 시멘트(수경 시멘트)를 콘크리트에 처음 사용한 사람은 영국의 토목기술자 스미턴John Smeaton, 1724~1792이다. 그는 1756년 등대를 지으면서 포틀랜드 시멘트의 용도를 개척했다. 현재 사용하는 형태의 포틀랜드 시멘트(색깔이 당시 영국의 포틀랜드 섬에서 생산되는 돌 색깔과 유사해 붙여진 이름이다)를 만든 사람은 1824년 영국의 기술자였던 조셉 애습딘Joseph Aspdin, 1788~1855이다. 그러나 혼합 재료로 만든 딱딱한 건축재라는 측면에서 보자면 아시리아인과 바빌로니아인도 콘크리트를 사용했다. 단지 이들은 골재의 접착제(시멘트)로서 물에 녹는 점토clay를 사용했고, 반면 이집트인들은 석회lime나 석고gypsum를 사용했다는 점에 차별성이 있다.

현대의 콘크리트와 가장 유사한 것은 로마 시대에서 찾을 수 있다. 골재의 접착제로 생석회[산소와 칼슘의 화합물로 화학적으로는 산화칼슘이라 부른다. 생석회는 석회석 또는 탄산칼슘($CaCO_3$)을 약 900도 이상으로 가열해 생성하는 것으로, 공기 중에서는 수분과 이산화탄소를 흡수해 수산화칼슘(소석회)과 탄산칼슘으로 분해되고, 물을 작용시키면 발열하여 수산화칼슘이 된다]나 포졸란(火山灰)을 사용해 로만 콘크리트roman concrete를 만들어 사용했다. BC 1세기경의 로마 건축가이자 건축이론가였던 비트루비우스Vitruvius, BC 70(80)~BC 25의 『건축 10서Ten Books of Architecture』를 보면 로만 콘크리트는 포졸란과 석회석을 2 대 1 정도의 비율로 하고 물은 전체의 15~20퍼센트 정도로 했다고 한다. 특히 현대의 기술자들이 로만 콘크리트를 인정하는 부분은 수밀성이 강해 지금도 이용하는 플라이 애시fly ash와 유사한 화산재를 콘크리트에 섞어 사용했다는 점과 콘크리트의 수축을 막기 위해 말털horse hair을 섞거나 동해凍害에 견디도록 혈액을 섞어 사용했다는 점이다.

모 래 의   비 밀

일반적으로 사상누각은 초점은 기초에 두지만, 또 하나의 비밀은 모래에 숨어 있다. 사상누각이라는 성이를 시용할 때 모레를 의미하는 '사'자는 '沙'와 '砂' 두 가지다. 이때 沙는 강이나 바다의 모래를 의미하고, 砂는 사막의 모래를 의미한다. 모래가 거기서 거기 아니냐고? 천만에다. 언젠가 친구가 TV를 보다 모래를 채취하면 강바닥을 긁어내 생태계가 파괴되고 환경 문제도 심각한데, 왜 사막의 그 흔한 모래를 사용하지 않는지 모

↑ __모래폭풍의 모습__

르겠다고 내게 물었다. 친구의 생각은 사막의 모래를 사용하면 일반 땅의 면적도 그만큼 넓어지는 셈이니 일거양득 아니냐는 거다. 여러분도 친구의 생각에 동의하는가? 무심코 들으면 그럴법한 이야기지만 절대 불가다. 강이나 바다의 모래와 사막의 모래는 굵기가 다르다. 우리가 보통 콘크리트를 만들 때 사용하는 모래의 굵기는 0.08밀리미터 정도로 굵다. 반면 사막의 모래는 바람이 불면 마치 바다에 태풍이 몰려오듯 모래폭풍이 일어 이리저리 날린다. 물론 건조하기 때문이기도 하지만 그보다는 모래 알갱이가 작고 가벼워서다. 사실 무늬만 모래랄 수 있을 만큼 고운 입자로 마치 황토 같다. 실제로 황토의 구성 성분을 보면 주로 가는 모래로 되어 있고, 입자의 크기는 0.02~0.05밀리미터 정도다. 이렇게 가는 입자의 모래로 콘크리트를 만들면 여러분이 찰흙으로 만들어놓은 작품들처럼 쉽게 갈라지고 부서질 것이다.

응 력

응력이란 물체에 외부의 힘이 작용할 때, 그 외력에 저항해 물체가 변형하지 않고 원래의 형태를 그대로 유지하기 위해 물체 내에 생기는 내력(저항력)을 의미하며 변형력變形力이라고도 한다.

응력은 작용하는 하중荷重의 종류에 따라 전단 응력剪斷應力, 인장 응력, 압축 응력으로 구분한다. 예를 들어 여러분이 두꺼운 책을 책상 위에 두고 윗부분을 밀면, 윗부분에는 미는 힘이 가해지는데, 책 아랫부분에는 이를 버티려는 책상과의 마찰(력)이 생겨 책 중간 부분이 갈등하게 되고, 견디다 못해 쪼개질 수도 있다. 간단히 말해 갈라놓으려는 힘이 전단력이라면, 이 쪼개려는 힘에 버티려는 것이 전단 응력이다.

인장 응력은 물체를 잡아당길 때 생기는 힘에 대한 저항력이다. 줄다리기할 때 여러분은 상대방에게 끌려가지 않기 위해서 버티지 않는가. 그게 바로 인장 응력이다.

마지막으로 압축 응력이다. 여러분은 제자리에 서서 손바닥을 부딪쳐 상대방을 밀어내는 놀이를 해본 경험이 있을 것이다. 이때 밀리면 지는 것이기에 밀리지 않도록 애를 쓴다. 그게 바로 압축 응력이다. 즉 물체에 작용하는 누르는 힘에 대한 버팀력이 압축 응력이며, 이는 물체의 단면에 대해 수직 방향으로 생기는 힘이다.

외력을 p, 단면적을 A, 응력을 σ라 하면 $\sigma = p/A$이며, 그 단위는 kg/cm^2를 사용한다.

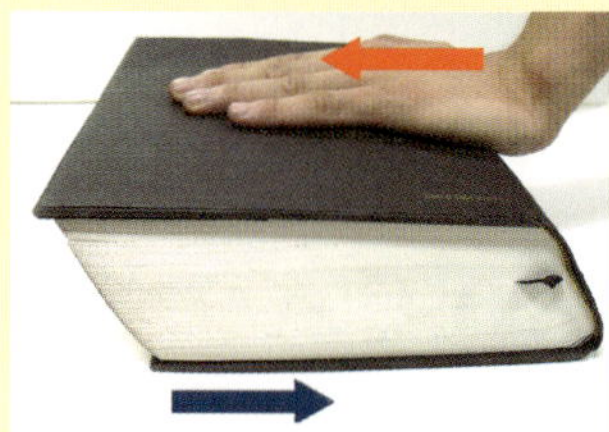

전단 응력의 예
인장 응력의 예
압축 응력의 예

　　그런데 모래라는 녀석은 신기하게도 알맹이 하나하나의 힘(지지력)은 있지만 서로 뭉치면 오히려 힘(지내력)이 약해진다. 모래 알갱이들은 서로 사이가 좋지 않아 널찍이 대충 자리를 잡고 있다. 이를 '간극間隙이 넓다'라고 표현하는데 그 간극 사이에는 물, 공기, 가스들이 자리하고 있다. 그러다가 외압이 들어오면 그제야 위기를 극복하려고 조금씩 자리를 좁혀 모인다. 토질역학에서는 이렇게 물이 빠져나간 상태를 '소성 상태로 변한다'라고 표현한다. 따라서 모래 위에 건물을 지으면 그 건물이 누르는 힘(압력) 때문에 집이 아래로 내려앉을 수 있고, 또 바람이 강하게 불면 건물이 흔들려 쓰러질 수도 있다. 친구들은 이제 모래 위에 집을 짓지 않는 이유를 정확히 알았을 것이다.

　　바닷가에서 모래성 쌓은 기억을 떠올려보라. 마른 모래로 성을 쌓을 수 있었는가? 그때 어떻게 했나? 물을 적신 후 아주 중요한 다지기 작업을 했을 것이다. 또 '두껍아 두껍아'를 부르며 흙집을 지을 때도 아이들의 손동작을 잘 살펴보라. 손바닥으로 연신 흙을 두드려대지 않는가. 건축도 마찬가지다. 모래땅인 경우 모래에 물을 붓고 다져 땅을 단단하게 하는 방법을 사용한다. 이를 '입사지정'이라 하는데, 기초를 만드는 방법 중 하나다. 피라미드의 기초에도 이 같은 방법을 함께 사용했다. 따지고 보면 피라미드는 결코 모래 위에 지어진 게 아닌 셈이다.

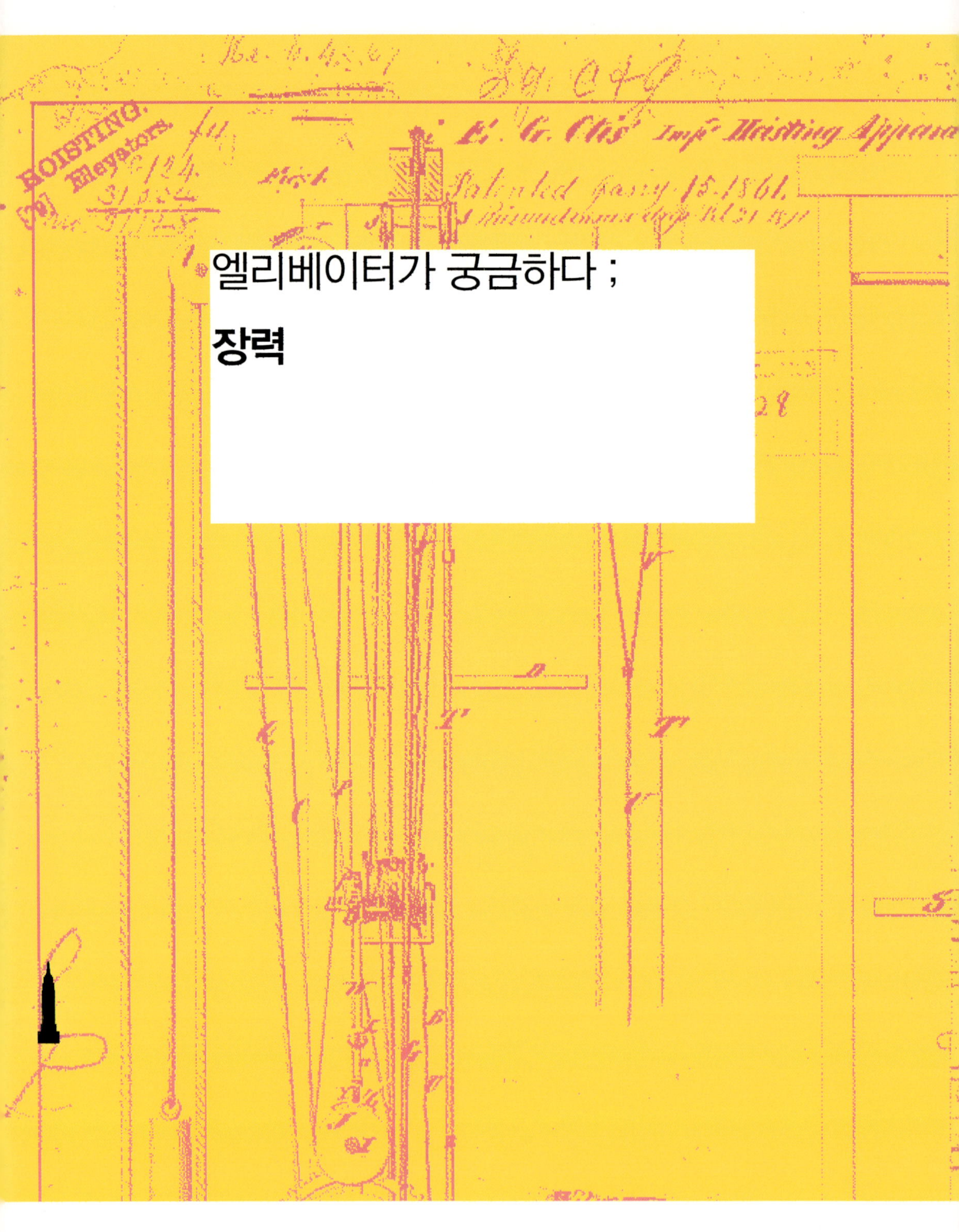

엘리베이터가 궁금하다 ;

장력

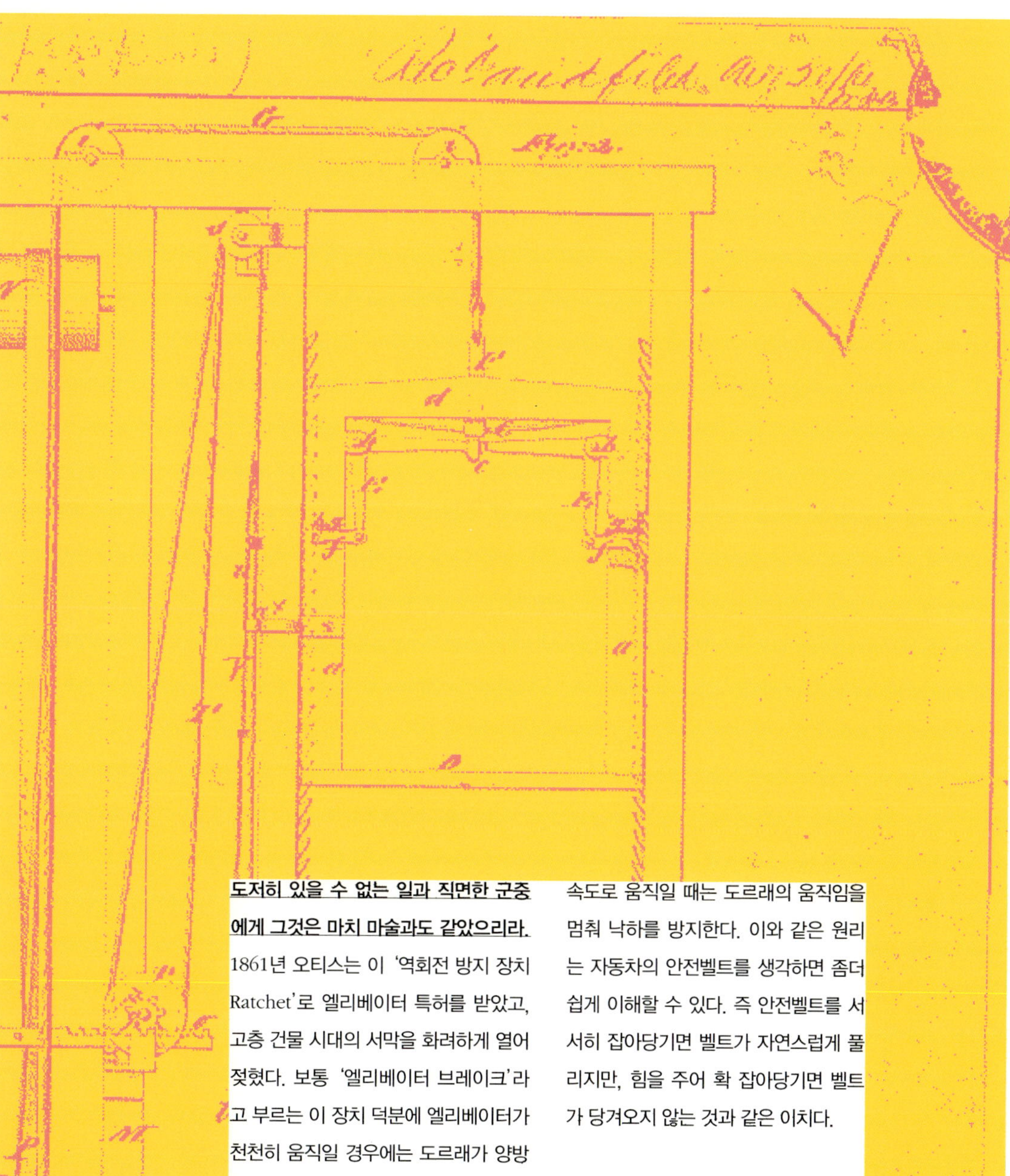

도저히 있을 수 없는 일과 직면한 군중에게 그것은 마치 마술과도 같았으리라.
1861년 오티스는 이 '역회전 방지 장치 Ratchet'로 엘리베이터 특허를 받았고, 고층 건물 시대의 서막을 화려하게 열어 젖혔다. 보통 '엘리베이터 브레이크'라고 부르는 이 장치 덕분에 엘리베이터가 천천히 움직일 경우에는 도르래가 양방향으로 움직이지만 추락 상황같이 빠른 속도로 움직일 때는 도르래의 움직임을 멈춰 낙하를 방지한다. 이와 같은 원리는 자동차의 안전벨트를 생각하면 좀더 쉽게 이해할 수 있다. 즉 안전벨트를 서서히 잡아당기면 벨트가 자연스럽게 풀리지만, 힘을 주어 확 잡아당기면 벨트가 당겨오지 않는 것과 같은 이치다.

"엄마 달에는 정말 토끼가 있어요?"

TV를 보던 아이가 갑자기 질문을 던진다.

"있지."

"나 달토끼 만지고 싶어요."

"그런데 달에는 어떻게 가려고?"

"하늘로 올라가는 사다리를 놓고 오르면 되잖아요, 뭐."

난 당연히 로켓을 타고 간다는 대답이 나오기를 기대했기에 당황스러웠다.

"사다리는 안 되는데……."

"그럼 엘리베이터로 가지요, 뭐."

"그것도 안 돼."

"왜 안 돼요? 만화책[한국에서는 2000년에 출간된 키시로 유키토(木城, ゆきと)의 만화 『총몽銃夢』(1995)에는 선택받은 사람들이 사는 도시 쟈렘과 우주 도시 예루(옐)를 연결하는 우주 엘리베이터가 등장한다]을 보니까 우주 엘리베이터를 타고 하늘 높이 있는 도시로 가던데요?"

"그건 만화니까 가능하지."

"아니야, 아니야, 할 수 있어요. 엄마가 몰라서 그래요. 엄만 바보야."

세상을 살아가다 보면 '모르는 것이 약이요 아는 것이 병'일 때가 많다. 무슨 괴변처럼 들릴지도 모르겠지만, 자신이 아는 것만을 맹신해 새로운 도전을 저해하는 일이 발생할 수 있기 때문이다. 아니나다를까 얼마 후 나는 아이에게 참패를 선언할 수밖에 없었다. 만화적 공상이라고 치부해버린 우주 엘리베이터 계획에 관한 기사가 신문에 보란 듯 떡하고 실린 것이었다. 엉뚱한 사고思考가 사고事故(?)를 친 셈이다.

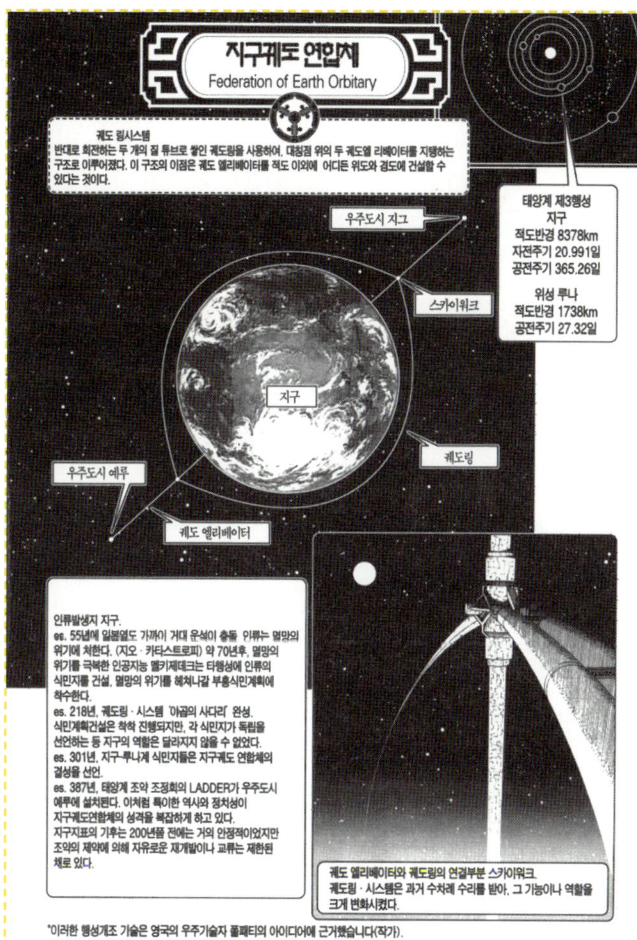

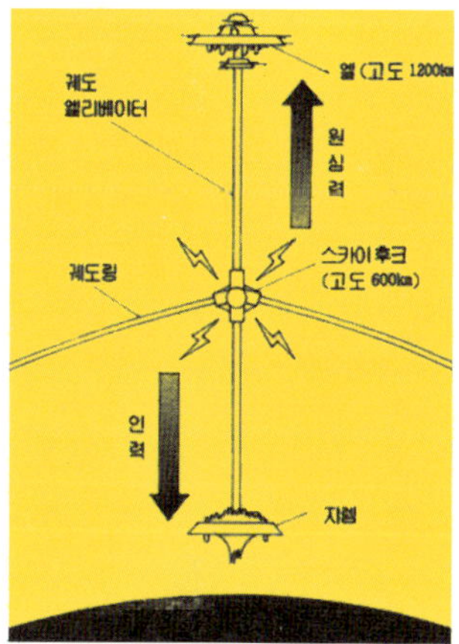

만화에 등장한 우주 엘리베이터. 키시로 유키토의 만화 『총몽GUNNM LAST ORDER』 3권, 31페이지 ©2000 by YUKITO KISHIRO/SHUEISHA Inc.(서울문화사 발행) ※이러한 혹성 개조 기술은 영국의 우주 기술자 폴 패티의 아이디어에 근거했습니다.(木城)

키시로 유키토의 만화 『총몽GUNNM』 9권 217페이지 ©1991 by YUKITO KISHIRO/SHUEISHA Inc.(서울문화사 발행)

더욱 놀라운 것은 미국 항공우주국^{NASA}이 발표한 우주 엘리베이터 계획의 개념이 아이가 말한 만화책 내용과 너무 비슷하다는 사실이었다. 아무리 과학의 발전 속도가 빠르다 해도 사람의 생각을 따르지 못하는 것은 어쩌면 당연한 일이리라.

이 일이 있은 후 나는 과학자가 꿈인 아이와 함께 만화책을 뒤적이게 되었다. 얼마나 많은 발명품들이 겉보기엔 터무니없어 보이는 개념으로부터 출발했는가! 어쩌면 만화적인 상상력이야말로 진정 21세기가 요구하는 과학적 영감의 원천일지도 모를 일이다.

그러나 제아무리 우주 엘리베이터라도 끈에서 자유로울 수는 없었던 모양이다. 그래서 과학자들은 우주 엘리베이터 운행을 위해 탄소 나노튜브^{CNT,} _{Carbon nanotube} 라는 특수 끈을 만들기에 이르렀다. '끈이 뭐가 그리 중요하냐고?' 이렇게 생각하는 친구들이 있을지 모른다. 하지만 불의 발견만큼이나 인류에게 중요한 영향을 끼친 것은 다름아닌 끈^{knot}의 사용법을 터득한 점이다. 특히 건축에서는 더욱 그렇다. 끈의 사용은 신석기 시대로 거슬러 올라가는데, 비로소 이때부터 건축 가구재인 기둥과 보를 묶어서 집을 지을 수 있게 된 것이다.

이제 본격적인 엘리베이터의 과학 원리를 알아볼 차례다. 엘리베이터는 도르래의 원리를 이용한 끈의 과학, 아니 정확히 말하자면 당김의 과학으로 우리 생활에 의료 도구나 운동 기구 등 여러 가지 형태로 존재한다. 도르래는 기능 측면에서 보면 두 가지, 즉 고정 도르래와 움직 도르래가 있는데, 이용 목적에서 뚜렷이 구별된다. 고정 도르래는 우물물을 긷는 것처럼 힘의 방향을 바꿀 때 사용한다. 쉽게 생각해 두레박의 물 무게만큼이나 힘이 필요

우 주 엘 리 베 이 터

　NASA는 2000년 우주 엘리베이터 계획을 발표했다. 이 계획은 지구에서 풍속이 가장 느린 적도 부근의 한 지점에 높은 탑을 세우고, 여기서 2만 2,000마일(약 3만 5,000킬로미터) 떨어진 정지 궤도의 인공위성까지 케이블을 연결해 엘리베이터를 운항한다는 구상이다. 이 엘리베이터는 우주정거장 건설에 필요한 기자재, 각종 화물 및 관광객까지 실어나를 계획이란다.

　그렇다면 이 기상천외한 아이디어를 처음 생각한 사람은 누굴까? 사실 의견이 분분한데 러시아 쪽 계보와 미국 쪽 계보가 있다고 봐도 좋겠다. 우선 시기적으로 보면 러시아의 과학자 콘스탄틴 치올코프스키Konstantin Tsiolkovskii, 1857~1935가 단연 첫손가락에 꼽힌다. 그는 에펠 탑에 영감을 받아 로켓 발사보다는 바벨탑같이 높은 성城을 쌓아 엘리베이터로 물체를 궤도에 올리는 방법을 생각했고, 이를 「지구와 하늘 그리고 소행성 베스타에 관한 고찰Speculations about Earth and Sky and on Vesta」이라는 논문으로 구체화시켰다. 그러나 안타깝게도 그의 생각은 시대를 너무 앞선 것이어서 곧바로 사장되고 말았다. 그 후 1960년 러시아의 과학자 알츠타노프는 정지 위성에서 추를 단 기다란 케이블을 지구로 늘어뜨리고 엘리베이터를 운항하는 방안을 구현했다. 우주 엘리베이터를 과학적으로 구체화한 것은 1975년 NASA에 근무하는 제롬 피어슨Jerome Pearson이었다. 그는 자신의 아이디어를 우주 과학지《Acta Astronautica》에 소개하면서, 자신의 아이디어는 아서 클라크Arthur Clarke에게 받은 영감에서 출발한다고 밝혔다. 아서 클라크는 1968년 스탠리 큐브릭Stanley Kubrick 감독의 《2001: 스페이스 오디세이 2001: A Space Odyssey》 원작자로 우리에게 잘 알려진 인물이다. 그는 우주 엘리베이터를 소재로 1978년 과학소설 『낙원의 샘 Foundation of Paradise』을 발표하기도 했다. 누구의 아이디어건 사람들의 무한한 생각이 놀라울 따름이다.

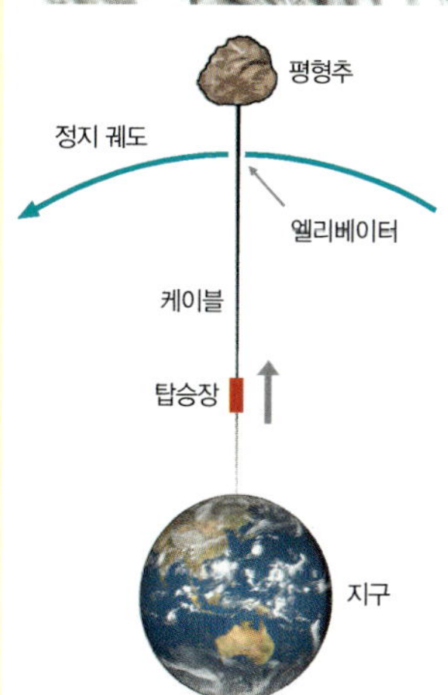

러시아의 과학자 콘스탄틴 치올코프스키
케이블을 통한 우주 엘리베이터 개념도
CNT의 구조

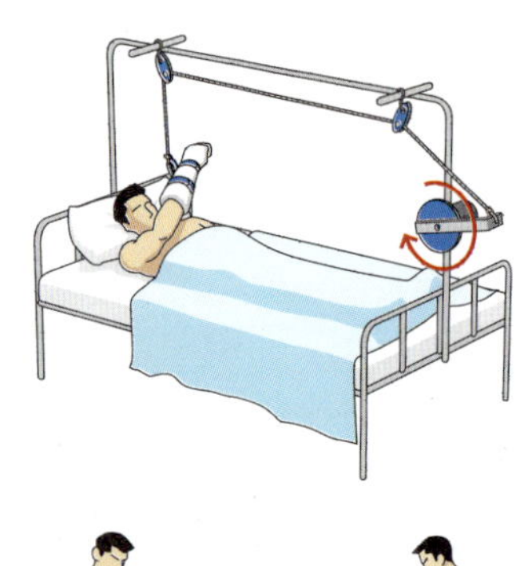

한 것이다. 반면 움직 도르래는 힘의 방향은 바꿀 수 없지만 작은 힘으로 큰 무게를 움직일 때 사용한다. 7층 이상 15층 이하의 아파트 옥상에 설치되어 있는 곤돌라가 바로 움직 도르래를 이용한 것이다.

이 두 가지 중 엘리베이터는 고정 도르래를 이용한 것으로 엘리베이터의 움직임을 이해하기 위해 그 구조를 잠깐 살펴보자. 우선 도르래는 엘리베이터 수직 통로의 가장 꼭대기에 고정되어 있고(그런 까닭에 아파트 옥상을 보면, 옥상 바닥보다 튀어올라와 있는 엘리베이터 헤드head라 부르는 도르래의 고정 부분을 발견할 수 있다), 한쪽 끈에는 사람들이 타는 엘리베이터 박스가 다른 쪽 끈에는 평형추가 달려 있다. 엘리베이터 박스와 평형추는 엘리베이터 통로에 설치된 가드레일을 타고 아래, 혹은 위로 움직인다.

엘리베이터가 움직일 때면 끈 각 부분에는 양쪽평형추와 엘리베이터 박스으로 잡아당기는 힘이 존재하게 되며, 이 힘의 크기를 장력張力tension이라 부른다. 이 장력은 서로 잡아당길 때 생기는 힘으로 인장력이라고도 하는데, 밀거나 누르는 힘인 압(축)력과 상반된다. 또한 이 두 힘은 혼자서는 존재할 수 없는 힘들이다. 줄다리기를 생각해보자. 반드시 양쪽이 있어야 줄을 당길 수 있지 않은가. 만약 한쪽에서는 잡아당기는데 다른 쪽에서 가만히 있다면 줄은 일방적으로 한쪽으로 끌려갈 것이다. 이래서야 줄다리기라고 할 수 없을 것이다.

이제 친구들은 엘리베이터가 장력(도르래)과 압력(평형추)의 평형을 이루면서 움직인다는 과학적 사실을 알게 되었다. 여기서 여러분에게 한 가지 질문을 던져보겠다. '도르래와 평형추만으로 엘리베이터라 할 수 있을까?

무엇인가 부족하다고 느끼지 않는가?' 엘리베이터를 운반용 도구라고만 생각한다면 이를 위해 도르래와 평형추의 원리를 사용하도록 처음으로 고안한 사람이 바로 고대 그리스의 수학자요 물리학자였던 아르키메데스 Archimedes, BC 287~BC 212다. 그는 도르래를 이용한 기중기craw crane를 만들었다. 하지만 이를 보고 엘리베이터라고 부르는 사람은 아무도 없었을 것이다.

　　도르래의 원리를 실생활에 이용할 때 가장 문제가 되었던 것은 줄이 끊어졌을 때의 추락 사고다. 엘리베이터 안에 갇혀본 경험이 있는 친구들이라면 혹시 이러다 추락하면 어쩌나 하고 한번쯤 걱정했을 것이다. 하지만 이 걱정이 쓸데없다는 것을 알려주기 위해 여러분을 150년 전 뉴욕의 만국박람

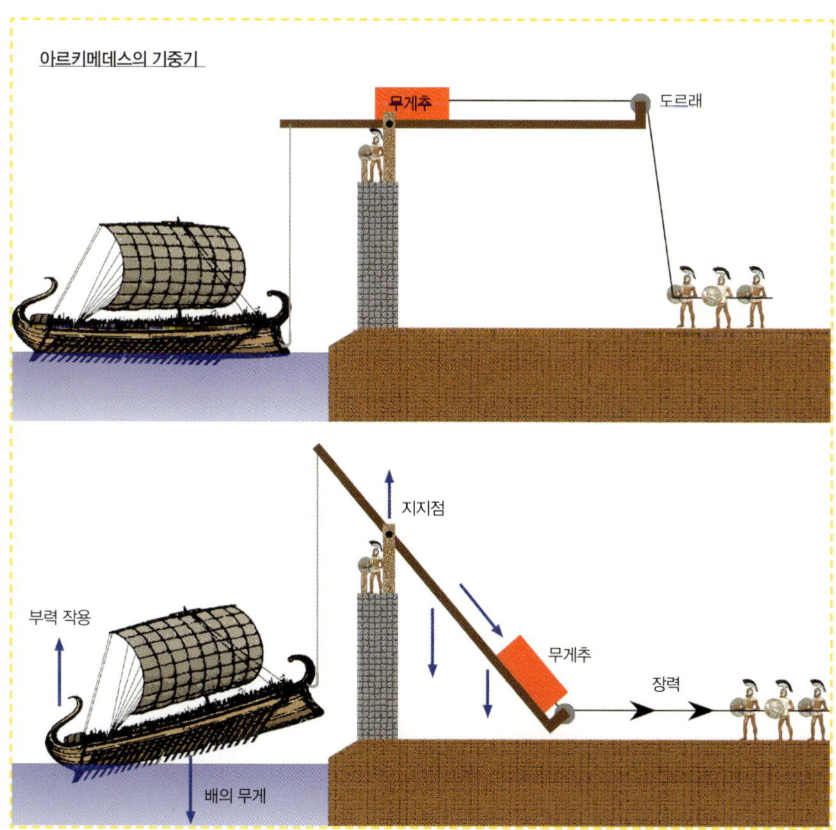

고 정 도 르 래 와 움 직 도 르 래

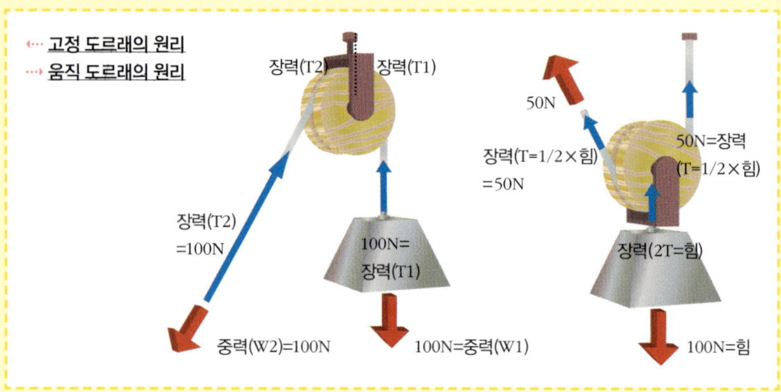

　　하나의 끈으로 작동하는 고정 도르래는 물체의 하중이 방향만 바뀐 채 끌어당기는 사람에게 그대로 전달된다. 따라서 '힘(F)＝물체의 무게(중력W)'가 된다. 반면 움직 도르래는 물체의 하중이 여러 개의 끈 장력으로 나뉘어 힘이 전달된다. 즉 움직 도르래가 1개면 당기는 사람의 힘(F)은 2개의 끈으로 나뉘게 되어 F/2가 되고, 움직 도르래가 2개면 당기는 사람의 힘은 F/4, 3개면 F/8, 4개면 F/16만큼 힘이 덜 들게 된다.

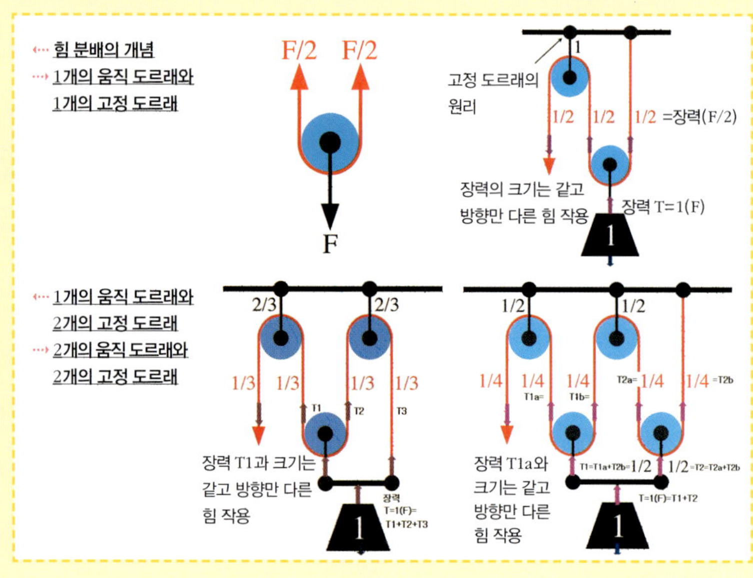

회장으로 초대한다.

때는 1854년, 뉴욕 박람회장인 수정궁^{Crystal Palace} 안에 많은 군중들이 모여 있다. 발명가 오티스^{Elisha Graves Otis, 1811~1861}가 여러 개의 짐을 싣고 직접 승강 플랫폼 위에 올라가 로프를 이용해 승강대를 끌어올린다. 한참을 위로 올라간 그는 갑자기 "줄을 끊으시오"라고 외친다. 여기저기서 "아!" 하는 탄성 소리가 퍼진다. 군중들은 로프가 끊어지면 승강대가 추락할 것이 분명하다는 사실을 알고 있었다.

"저 사람 미친 게 틀림없어."

"저건 자살 행위야."

순간 '툭' 하고 로프가 끊긴다. 그는 경악하는 관중들을 바라보며 외친다.

"여러분, 여길 보세요. 저는 안전합니다!"

그는 승강대 위에 서서 보란 듯 손을 펼쳐 군중들에게 인사한다.

"어떻게 된 거지?"

"저럴 수는 없어. 이건 틀림없이 마술이야."

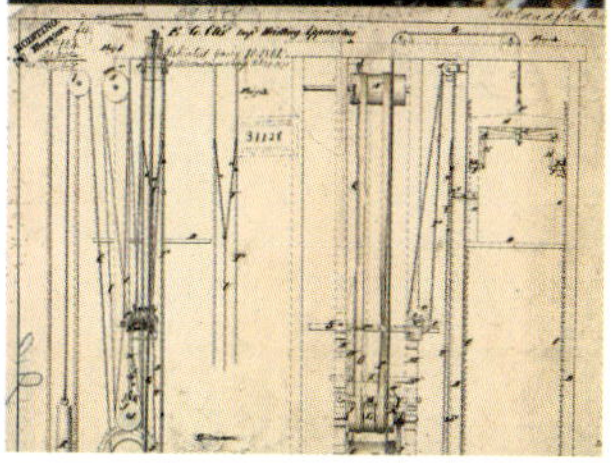

군중 앞에서 실험을 하고 있는 오티스
오티스가 특허를 신청했던 엘리베이터 도면. 특허번호 01/15/1861

> "고도로 발달된 과학 기술은 마법과 구별이 안 된다." ─아서 클라크

도저히 있을 수 없는 일과 직면한 군중들에게 그것은 마치 마술과도 같았으리라. 1861년 오티스는 이 '역회전 방지 장치^{Ratchet}'로 엘리베이터 특허를 받았고, 고층 건물 시대의 서막을 화려하게 열어젖혔다. 보통 '엘리베이터 브레이크'라고 부르는 이 장치 덕분에 엘리베이터가 천천히 움직일 경우

고정 도르래와 움직 도르래를 이용한 우리나라 고유의 건축 도구는 없나요?

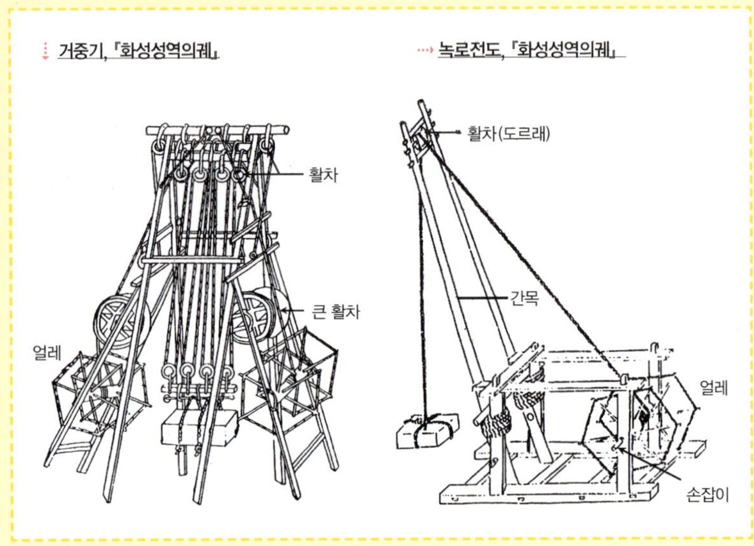

18세기는 우리나라에서도 건축술에 새로운 발전이 있었던 시기다. 조선 후기의 문신으로 실학자였던 정약용(1762, 영조 38~1836, 헌종 2년)은 1796년(정조 20년) 수원 성곽을 지을 때 움직 도르래를 이용한 거중기(무거운 짐을 들어올리는 기계라는 의미)를 발명했다. 정약용의 『여유당전서』 1집, 10권 「성실」을 보면 거중기는 밧줄을 여러 개의 활차(도르래)에 걸고 양쪽 끝에 있는 큰 활차를 지나 얼레에 감기도록 한다. 이때 사람들이 좌우에서 그 얼레를 서로 똑같은 속도로 돌리면 무거운 짐이 쉽게 들려 올라간다고 했다. 정약용은 이렇게 설계한 거중기의 양쪽 얼레에 사람이 15명씩 서서 돌리면 만 2,000근(약 7톤)의 짐을 들어올릴 수 있으며, 따라서 한 사람이 평균 400근(약 230킬로그램)을 들어올릴 수 있다고 계산했다.

또한 정약용은 고정 도르래의 원리를 이용하여 일종의 크레인과 같은 녹로轆轤(역사적으로 보자면 녹로는 시황제가 차던 검의 명칭이기도 하다)를 만들었다. 이는 마치 연을 날릴 때 사용하는 얼레같이 생겼는데, 작동 원리는 원 운동을 직선 운동으로 바꾸는 것이다. 즉 얼레 좌우에 각 4명씩, 8명이 얼레 손잡이(크랭크)를 돌리면(원 운동), 물건을 올리거나 내릴 수 있다(직선 운동). 화성 성곽 축조에 대한 기록을 모아 1801년(순조 1년)에 간행한 『화성성역의궤華城城役儀軌』를 보면 녹로 틀의 크기는 세로 15자(尺, 약 4.5미터), 높이 10자(약 3미터)이고 활차滑車가 달려 있는 장대나무竿木의 길이는 35자(약 10.6미터)였다고 한다.

에는 도르래가 양방향으로 움직이지만 추락 상황같이 빠른 속도로 움직일 때는 도르래의 움직임을 멈춰 낙하를 방지한다. 이와 같은 원리는 자동차의 안전벨트를 생각하면 좀 더 쉽게 이해할 수 있다. 즉 안전벨트를 서서히 잡아당기면 벨트가 자연스럽게 풀리지만, 힘을 주어 확 잡아당기면 벨트가 당겨오지 않는 것과 같은 이치다.

그러나 모든 엘리베이터가 도르래와 평형추의 원리로 움직이는 것은 아니다. 일반적으로 엘리베이터에게 기대하는 것은 사람이나 짐을 위아래로 손쉽게 오르내리게 하는 것인데, 흔히 우물에서 물을 길을 때처럼 도르래를 이용하는 방법을 1안이라고 한다면, 그 다음 2안에는 어떤 것이 있을까? 해답은 주사기에 사용되는 피스톤에 있다. 여러분은 지하철 플랫폼에서 전철이 들어올 때 심한 바람이 몰려와 미는 듯한 힘(압력)을 느낀 적이 있을 것이다. 이 같은 힘을 이용해 엘리베이터를 만들기도 한다. 그러나 압력이 미치는 한계가 있어 고층 건물에는 사용할 수 없고, 주로 주택용 소규모 엘리베이터나, 주차를 위한 자동차용 리프트lift에 사용한다. 이 엘리베이터에는 도르래 장치가 없다. 당연히 엘리베이터 헤드도 없을 것이고, 그래서 미관상으로도 깔끔하다는 장점이 있다.

유압식(피스톤) 엘리베이터

1 대기압 구역
2 엘리베이터 박스 봉함
3 저압
4 진공 펌프

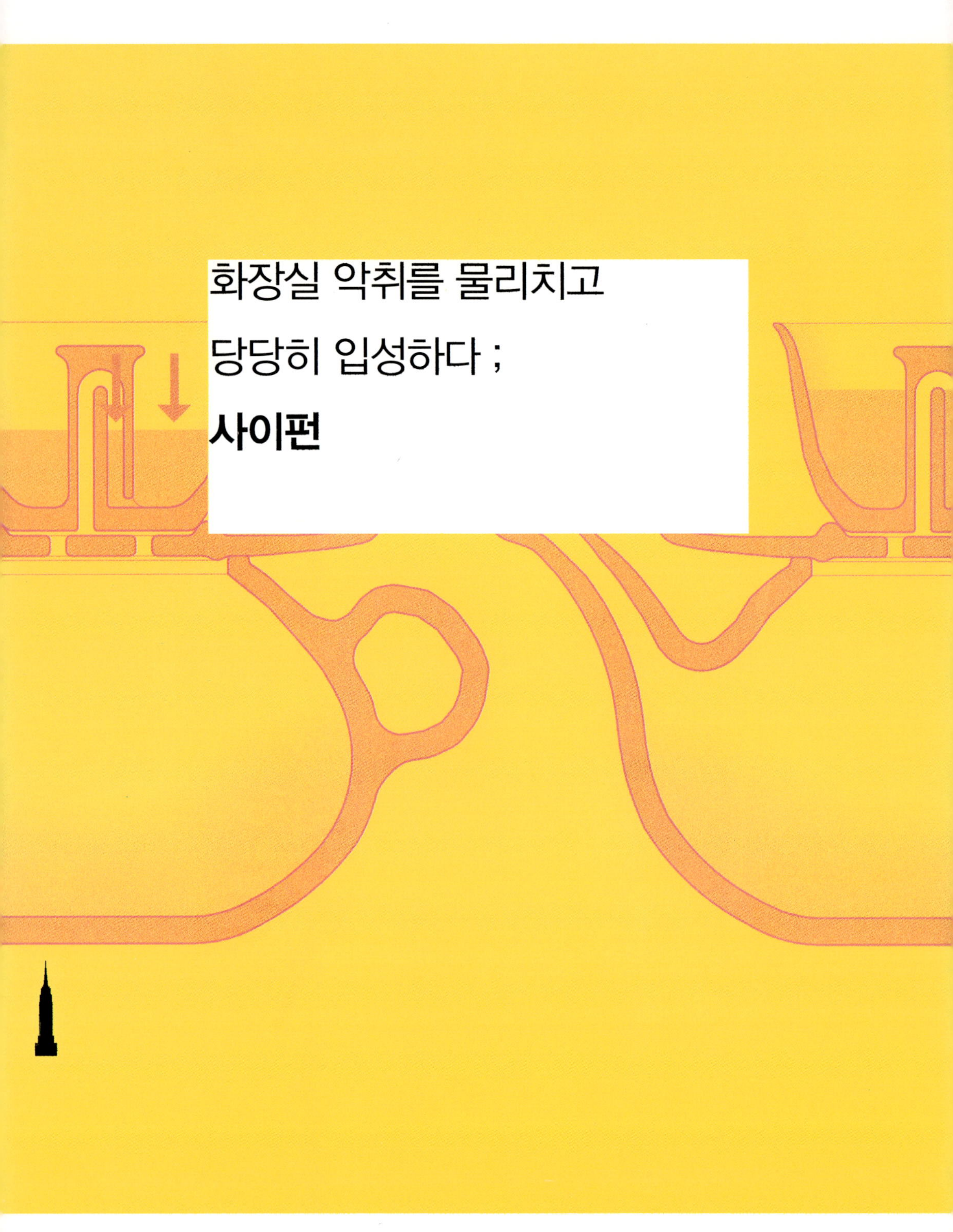
화장실 악취를 물리치고

당당히 입성하다 ;

사이펀

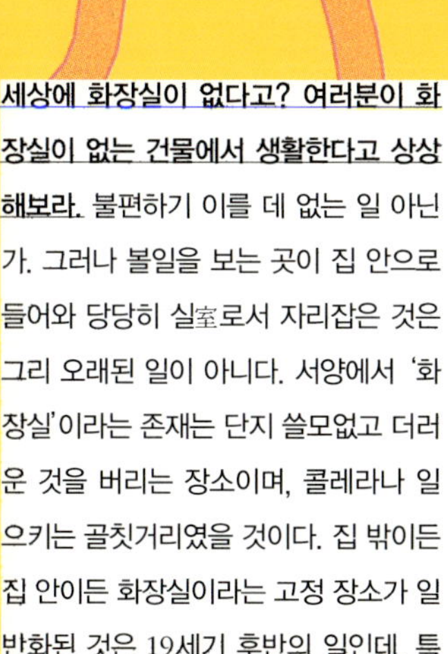

세상에 화장실이 없다고? 여러분이 화장실이 없는 건물에서 생활한다고 상상해보라. 불편하기 이를 데 없는 일 아닌가. 그러나 볼일을 보는 곳이 집 안으로 들어와 당당히 실室로서 자리잡은 것은 그리 오래된 일이 아니다. 서양에서 '화장실'이라는 존재는 단지 쓸모없고 더러운 것을 버리는 장소이며, 콜레라나 일으키는 골칫거리였을 것이다. 집 밖이든 집 안이든 화장실이라는 고정 장소가 일반화된 것은 19세기 후반의 일인데, 특히 프랑스의 경우 요강을 사용한 후 거리에 함부로 버려 도시가 온통 악취로 진동했다고 한다. 시민들이 그나마 악취를 피할 수 있는 곳(것)이라고는 대성당 안과 향수였다. 따지고 보면 프랑스에서 향수 문화가 발달한 이유도 화장실과 관련이 있는 셈이다. 서양과 달리 동양의 화장실은 비료 저장 창고의 역할도 했기에 집 밖에다 두었을 가능성이 높다. 물론 그보다 더 큰 요인은 무엇보다도 냄새 때문이었을 것이다.

집안일은 당연한 것이고 아이들 방학 숙제마저 책임지려면 적절한 답사까지 해야 한다. 고생이 이만저만이 아니다. 나라고 예외겠는가. 방학을 맞은 아이와 겸사겸사 전시관을 찾았다. 신이 나 먼저 전시관 안으로 내달은 아이가 갑자기 내게 묻는다.

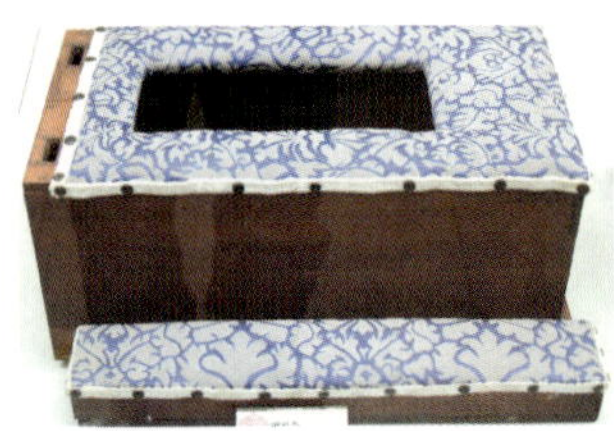

↑ 임금님의 화장실을 일컫는 매화틀
↓ 매화틀 안에 넣어두는 매화그릇

"엄마 옛날 사람들은 이렇게 큰 그릇에 밥을 먹었어요? 난 밥 많이 먹는 거 싫은데……."

영문을 몰라 아이가 눈길을 주던 곳을 살피고는 그 앞에서 한참을 웃지 않을 수 없었다. 그도 그럴 것이 그 유물은 '매화그릇'이란 이름을 달고 있었으니 말이다.

"주형아, 매화梅花 · 매우梅雨는 모두 임금님의 똥을 일컫는 말이란다. 그러면 매화그릇은 무엇에 사용하는 것이겠니?"

"내가 애기였을 때 쓰던 변기 같은 건가?"

"그래, 맞아. 매화틀은 임금님 화장실을 듣기 좋게 부르는 말인데, 매화그릇에 잘게 썬 여물'매추'라고 함을 담아 틀 안에 넣고 임금님이 용변을 보면, 그 위에 여물을 다시 덮어 변은 버리고 깨끗이 씻어 다시 사용하던 임금님의 이동식 화장실이자 변기이기도 한 것이지. 우리나라 왕들뿐 아니라 프랑스 왕가들도 비슷한 방식의 의자식 변기를 사용했단다. 그래서 옛날 궁궐에 가보면 궁궐 안에는 화장실이 없는 거란다."

세상에, 화장실이 없다고? 여러분이 화장실이 없는 건물에서 생활한다고 상상해보라. 불편하기 이를 데 없는 일 아닌가. 사실 볼일을 보는 곳이 집안으로 들어와 당당히 실室로서 자리잡은 것은 그리 오래된 일이 아니다. 서

궁 전 에 도   화 장 실 은   있 었 다 ?

　　앞서 동서양을 막론하고 고궁에는 화장실이 없다고 했다. 그런데 '해외 여행을 하면서 화장실이 있는 궁전을 봤는데…….' 하고 의아해 할 독자가 있을지 몰라 덧붙인다.

　　철학자의 길Philosophenweg로 유명한 독일의 하이델베르크를 찾은 것은 벌써 10년 전 일이다. 유럽의 근현대 건축물 답사 기간 중 망중한을 즐기려고 무심코 이곳을 들렀지만 막상 도착하니 은근히 욕심이 발동해 명소인 하이델베르크 성을 찾게 되었다. 1225년에 지어진 후 1537년 낙뢰落雷로 파괴되어 지금의 자리로 옮겨진 이 성은 독일의 바로크 건축을 엿볼 수 있는 곳이다. 그러나 내 눈길을 끈 곳은 거대한 와인 창고나 연인들의 사랑을 이루어준다는 성 입구보다는 성 뒤쪽에 있었다. 다름 아닌 옛 감옥으로 사용하던 건물의 돌출 부분이었다. 마치 더스트 슈트dust chute(쓰레기 등을 처리하기 위한 수직 통로로서 주로 공동 주택에 설치했는데, 낙하 충격으로 쓰레기 봉지가 터지거나 집하장에 쥐나 벌레 등이 서식하여 위생 문제가 생기자 지금은 사용하지 않는다) 같은 것이, 그렇다고 방으로 사용하기에는 작고, 창도 아닌 것이 도대체 이게 무어란 말인가? 나중에 알고 보니 죄수들이 사용하는 화장실이었다. 덕분에 죄수들은 온종일 아래에서 풍겨나오는 지독한 악취로 죄값을 톡톡히 치렀을 것이다. 얼마나 재치 있는 공간 디자인인가!

◀┈ **하이델베르크 성**
◀┈ **하이델베르크 성의 죄수들이 사용한 화장실: 감방의 한켠 바닥에 구멍만 뚫려 있다**

양에서 '화장실'이라는 존재는 단지 쓸모없고 더러운 것을 버리는 장소이며, 콜레라나 일으키는 골칫거리였을 것이다. 집 밖이든 집 안이든 화장실이라는 고정 장소가 일반화된 것은 19세기 후반의 일인데, 특히 프랑스의 경우 요강을 사용한 후 거리에 함부로 버려 도시가 온통 악취로 진동했다고 한다. 시민들이 그나마 악취를 피할 수 있는 곳(것)이라고는 대성당 안과 향수였다. 따지고 보면 프랑스에서 향수 문화가 발달한 이유도 화장실과 관련이 있는 셈이다. 서양과 달리 동양의 화장실은 비료 저장 창고의 역할도 했기에 집 밖에다 두었을 가능성이 높다. 물론 그보다 더 큰 요인은 무엇보다도 냄새 때문이었을 것이다. 결국 동양이나 서양이나 화장실 악취와의 전쟁에서 패배해 그의 입성에 손사래를 쳤다는 말인데, 그렇다면 화장실은 어떻게 이 악취를 물리치고 집 안의 한자리를 턱 하니 차지할 수 있었을까? 그에 대한 답은 '변기에 차 있는 물' 때문이다. 알고 나면 너무 당연하고 간단하다. 로마 제정 시대의 역사가인 타키투스^{Publius(Gaius) Cornelius Tacitus, BC 56~BC 117년경}의 말처럼 '모르는 것은 무엇이든 대단해 보이는 법^{Omne ignotum promanifico}'이니 말이다.

하지만 질문은 이것으로 끝나지 않는다. 어떻게 변기에 항상 물이 찰 수 있는 것이고, 변기의 물은 악취에 어떤 영향을 미칠 수 있을까? 이에 관한 답은 친구들이 퀴즈를 통해 직접 하나씩 풀어나가는 게 어떨까.

2개의 컵이 있다. 한 컵에는 물이 어느 정도 차 있고 다른 한 컵은 비어 있다. 이때 물이 차 있는 컵은 빈컵보다 높은 곳에 위치해 있다. 물이 차 있는

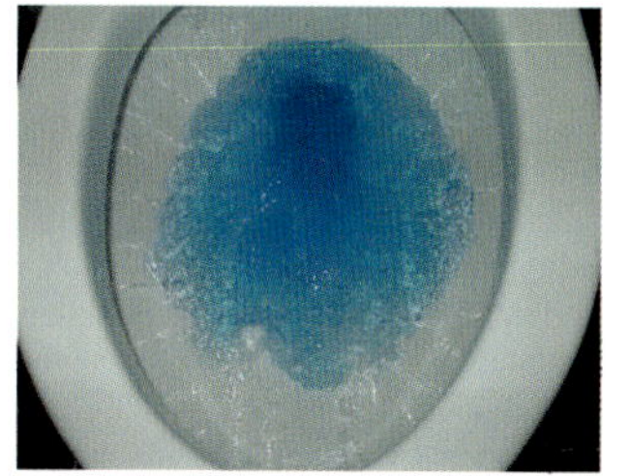

  화장실 악취를 물리치고 당당히 입성하다 ; **사이펀**

우주 안에 있는 모든 물체는 운동을 하고 있습니다. 이 운동의 종류는 딱 두 가지, 하나는 등속도 운동이고, 다른 하나는 가속도 운동입니다. 운동에는 세 가지 법칙이 있는데 여기서는 제1법칙만 소개하지요.

'등속도 운동을 하는 모든 물체는 외부에서 힘이 가해져 강제적으로 변화를 주지 않는 한 계속 등속 운동을 한다.'

너무 당연한가요? 하지만 여러분이 풀어야 할 수수께끼의 답이 이러한 단순함 속에 숨어 있어요. 아직도 문제 풀이가 어려운가요? 그렇다면 한 가지 힌트를 줄까요? 여기에서 등속도 운동이란 같은 속도로 움직이는 것뿐 아니라 정지해 있는 상태도 포함하며, 가속도 운동이란 운동 중에 일어나는 어떠한 변화를 말합니다.

원 리   이 해

점선(압력 평형점)을 기준으로
높은 컵 쪽 관의 압력: P_1
낮은 컵 쪽 관의 압력: P_2
대기압: P_O
액체의 비중: V_O

$$P_1 = P_O - V_O \times H_1$$
$$P_2 = P_O - V_O \times H_2$$

결국 높이가 높을수록 관 내의 압력은 낮아지는 것이므로 물은 압력이 높은 쪽 관에서 낮은 쪽 관으로 흐르게 된다.

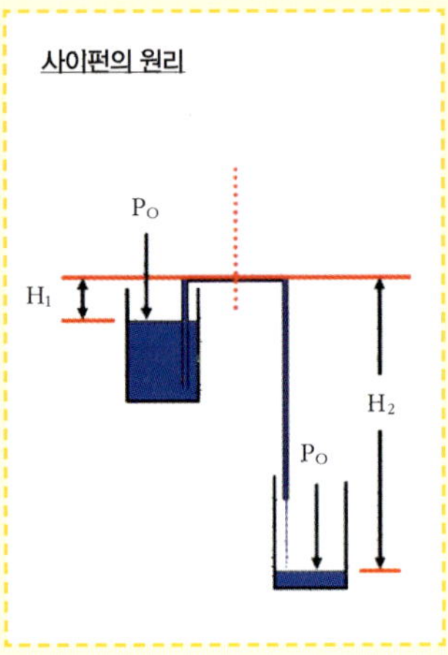

컵을 기울이거나 손상시키지 않고 아래의 빈컵으로 물을 모두 옮겨담을 방법은 없을까? 대부분의 독자들은 우선 물을 흘려보낼 관이 필요하리라 생각할 것이다. 과연 그저 위아래 컵에 관만 연결한다고 물이 흘러내려오겠는가? 결론부터 이야기하면 절대 불가능하다. 왜냐고? 뉴턴의 제1법칙에 위배되기 때문이다. 즉 컵 속의 물(분자)은 정지 상태이므로 등속 운동을 하고 있다. 그런데 이를 아래로 흘려보내려면 가속 운동이 필요하므로 연결관連通管에 어떤 변화가 있어야 함을 의미한다.

여기서 우리는 계속 물을 아래로 흘려보내는 것에만 집중하기 십상이다. 하지만 무엇보다도 중력에 역행해 수면 위에 있는 컵턱을 넘는 것이 급선무다. 일단 이 턱만 넘기면 응집력과 인력이 강한 물은 분자 상호 간에 밀고 끌어가며 아래로 계속 흘러가게 마련일 테니까. 문제의 핵심에 도달했으니 이제부턴 컵턱을 넘길 수 있는 힘에 집중하자. 도대체 변화의 힘을 어디서 찾는단 말인가? 정답은 압력(차)이다. 즉 수면을 누르는 대기압보다 관 내의 압력을 작게 만들어 힘의 평형을 무너뜨리면 물은 컵에서 빠져나와 아래로 흐를 수 있다. 좀더 간단히 말하면 컵 아래쪽 관을 흡입해 공기를 빨아내면(진공) 호스 속의 압력이 대기압보다 작아지고, 물은 이 압력차에 의해 위로 올라가 관에 차며, 이후로는 물이 계속 흐르는 것이다.

이를 실생활에 응용해보자. 만약 목욕을 끝내고 욕조의 물을 배수하려는데 욕조의 배수구가 막혀서 물이 내려가지 않는다면? 욕조와 화장실 바닥에 고무 호스를 연결하고 한 번 흡입 후 호스를 바닥에 내려놓으면, 애써 바가지로 물을 퍼내는 수고를 생략할 수 있다. 유의할 점은 목욕물이 입에 들어가지 않도록 힘조절이 필요하다는 것뿐이다.

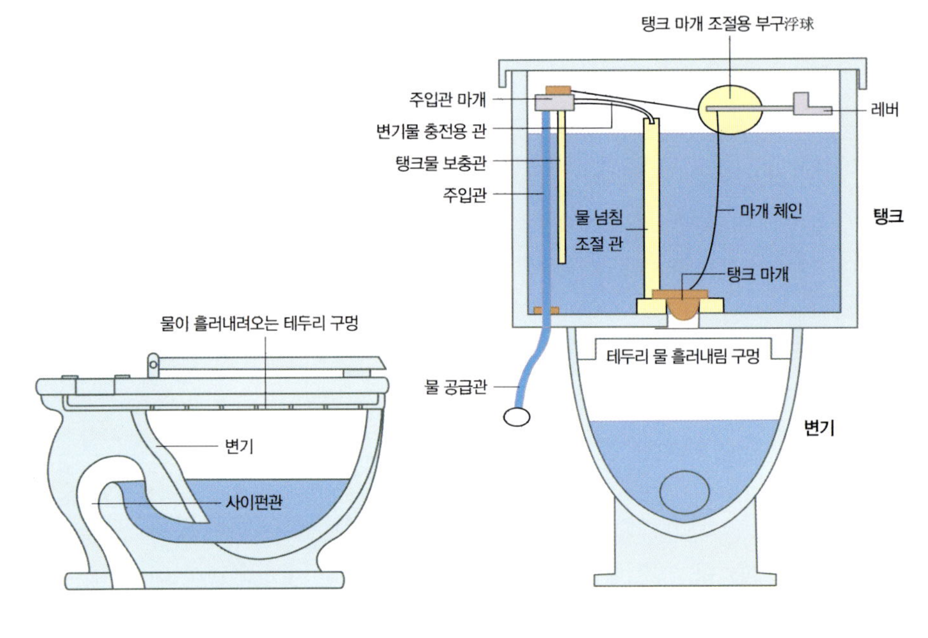

휴가를 보내고 집에 돌아와보니 악취가 나요

휴가 등으로 장기간 집을 비웠다 돌아왔을 때, 집에서 좋지 않은 냄새가 날 때가 있다. 청소도 깨끗이 했는데 말이다. 도대체 왜 그럴까? 이럴 때는 싱크대나 화장실 바닥 배수구에 물을 흘려보내면 좀 나아질 수 있다. 전문 용어로 이 경우를 '봉수封水 파괴'라고 하는데, 배수구 곡관에 방취판 역할을 하던 물이 증발해 하수구에서 악취가 역류하여 발생한 것이다.

장기간 여행을 떠날 땐 미리 이런 곳을 철저히 봉하고 가면 여행 후에도 집 안의 상쾌한 공기와 만날 수 있을 것이다.

이렇게 액체를 들어 높은 곳에 올렸다가 낮은 곳으로 옮기기 위해 사용하는 연결 곡관을 '사이펀siphon'이라 하는데, 이는 대기압과 용기 내 압력차를 이용한 것으로 '사이펀의 원리'라고 한다. 생경한 용어에 지레 겁먹을 필요가 전혀 없다. 이미 우리는 실생활에 이러한 원리를 응용하고 있기 때문이다. 분무기나 석유통에서 난로로 기름을 옮길 때 사용하는 (사이펀)펌프가 있는가 하면 아파트 옥상의 물탱크 속으로 물을 끌어올릴 때도 이 원리를 이용한다. 물을 끌어올릴 수 있는 높이는 진공관의 경우 10미터까지 가능하다.

이 정도 설명이면 어떻게 항상 변기에 물이 찰 수 있는 것인가에 대한 답변은 끝난 것 같다. 그럼에도 불구하고 아직도 화장실 변기의 물과 사이펀의 원리가 잘 연결되지 않는다면 다음 설명에 귀 기울이자. 만약 그 이유를 충분히 이해한 독자라면 과감하게 다음 문단으로 넘어가도 좋겠다. 화장실의 변기는 그 자체가 사이펀관(曲管)으로, 백색 내열토를 형판型板 틀에 넣어 일체식으로 만든 질그릇(磁器) 용기다. 단 변기의 뒷부분에 이 관이 가려져 있기 때문에 육안으로는 관찰되지 않을 뿐이다. 일반적으로 변기는 사람이 앉는 부분(便座)과 물을 담아두는 탱크 부분으로 이루어져 있다. 엄밀하게 말하면 사이펀관은 변좌 부분만을 의미하며, 여기서 물탱크의 활약상이 돋보일 것이다. 앞에서도 살펴보았듯이 사이펀관이 제대로 작동하려면 관 내부가 진공 상태거나 관을 넘길 정도의 압력이 필요하다. 탱크는 바로 이 압력(水壓)을 제공하는 부분이다.

하지만 여전히 궁금증이 발동한다. 탱크가 충분히 수압을 제공한다면 굳이 변기에 물이 찰 필요는 없지 않겠는가? 이 질문을 위해 변기의 구조와

   화장실 악취를 물리치고 당당히 입성하다 ; **사이펀**

원리를 좀더 자세히 살펴보자.

우선 용변이 끝나고 레버를 내리면 지렛대의 원리에 의해 탱크 아랫부분의 마개가 들리고, 탱크에서 풀려난 물이 변기 테두리에 있는 구멍rim을 통해 적당한 수압을 형성하여 하수구로 오물이 흘러내린다. 탱크의 수위가 내려가면 탱크 수면 위에 떠 있던 플라스틱 공이 낮아지면서 탱크의 마개를 아래로 눌러 물이 흘러가는 구멍을 서서히 막아 물이 더 흐르는 것을 막는다. 그런 다음 천천히 탱크에 물을 채워 다음 차례를 기다린다.

이쯤에서 변기의 물이 악취에 어떤 역할을 할 수 있는지 생각해보자. 압력이 모자라 사이펀관을 넘지 못하고 남겨진 물은 방취판防臭瓣air trap을 형성한다. 이 때문에 화장실은 집 안으로 당당하게 입성할 수 있었던 것이다.

다소 복잡한 이야기를 정리하면 변기의 물이 차 있는 가장 중요한 이유는 하수구에서 역류하는 악취와 벌레를 막기 위한 것이고, 물높이는 사이펀관의 절정 높이만큼 늘 차 있는 것이다. 이러한 사이펀관이 싱크대나 세면기 등 우리 가정에서 사용하는 배수관에 S자로 설치되어 있어 쾌적한 실내를 제공하는 것이다.

각 나라마다 어떤 원리를 이용할 때는 독특한 문화가 반영된다. 서양인들은 악취 제거에 사이펀 원리를 사용했지만 우리의 선조들은 절주節酒에 응용했다. 더 나아가 가득 차 혹 지나칠까(持而盈之 不知其己) 하는 계고의 상징으로 사용했다. 최인호 원작의 장편소설『상도商道』2권과 4권로 유명해진 ‘계영배戒盈盃’가 바로 그것이다. 도공陶工으로 유명해진 우명옥본명은 우삼돌禹三乭이었으나 왕에게 진상할 정도로 뛰어난 질그릇을 만들자 이를 기뻐한 스승 지외장이 지어준 이름이 명옥明玉이다은 방탕한 생활에 빠져들었다. 후에 자신의 잘못을 참회하는 맘으로 만든, ‘가득 채움을 경계하는 잔’이 바로 계영배이며 조선 시대 거상 임상옥은 이 술잔을 늘 곁에 두어

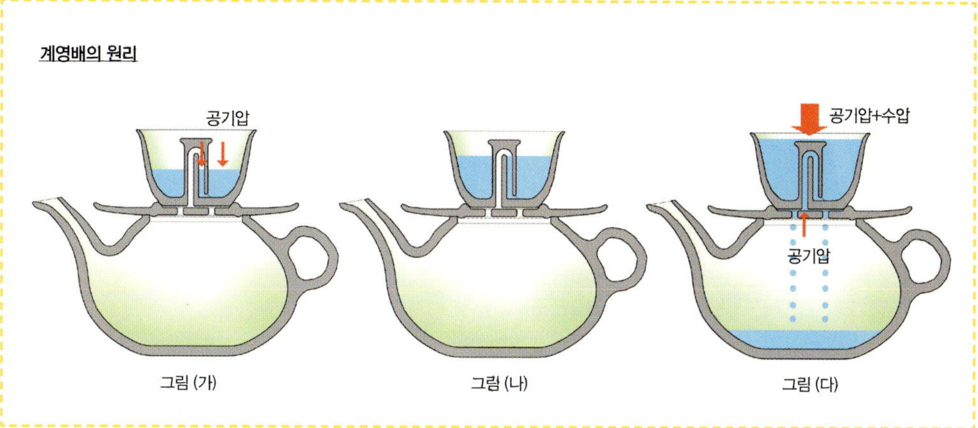

과욕을 경계했다고 한다. 술잔에는 '계영기원 여이동사戒盈祈願 與爾同死'라는 글이 쓰여 있다. 직역하면 '가득 채워 마시지 말기를 바라며 너와 함께 죽기를 바란다'는 의미다.

이 잔이 어떻기에 이리 장황한 서설을 늘어놓을까? '술잔은 채워야 맛'이라는 말도 있는데 어째서 이 잔은 꽉 채우면 아래로 새버리고 오직 7할만을 허락하는가. 술잔의 비밀은 바로 술잔 속에 숨어 있는 사이펀관에 있다. 이 술잔의 생김은 다른 술잔과 달리 안이 비죽하게 올라와 있다. 이것이 앞서 설명한 사이펀 작용^{대기압과 수압의 관계}을 일으키는 것이다. 즉 술이 가득 차지 않으면 안쪽(잔의 비죽 올라온 관 내부)과 바깥쪽(술잔)에 모두 공기의 압력이 작용해 술이 흘러나오지 않지만(그림 가), 술잔에 술이 가득 차면 공기의 압력과 술잔의 사이펀관에 수압이 동시에 작용해 술은 계속 아래로 흘러내리는 것이다(그림 다).

흔들리는 건물 ;
진동

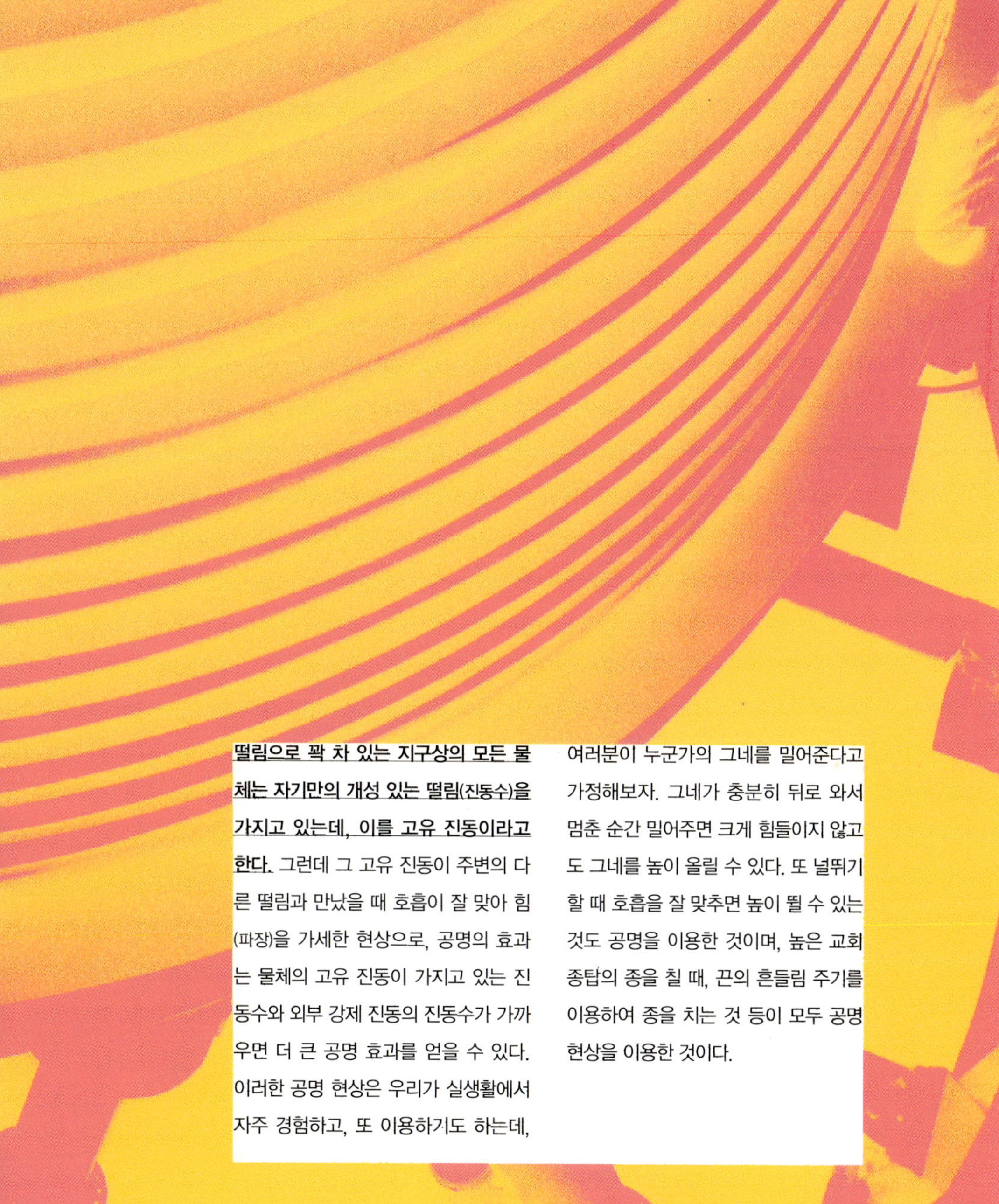

떨림으로 꽉 차 있는 지구상의 모든 물체는 자기만의 개성 있는 떨림(진동수)을 가지고 있는데, 이를 고유 진동이라고 한다. 그런데 그 고유 진동이 주변의 다른 떨림과 만났을 때 호흡이 잘 맞아 힘(파장)을 가세한 현상으로, 공명의 효과는 물체의 고유 진동이 가지고 있는 진동수와 외부 강제 진동의 진동수가 가까우면 더 큰 공명 효과를 얻을 수 있다. 이러한 공명 현상은 우리가 실생활에서 자주 경험하고, 또 이용하기도 하는데,

여러분이 누군가의 그네를 밀어준다고 가정해보자. 그네가 충분히 뒤로 와서 멈춘 순간 밀어주면 크게 힘들이지 않고도 그네를 높이 올릴 수 있다. 또 널뛰기 할 때 호흡을 잘 맞추면 높이 뛸 수 있는 것도 공명을 이용한 것이며, 높은 교회 종탑의 종을 칠 때, 끈의 흔들림 주기를 이용하여 종을 치는 것 등이 모두 공명 현상을 이용한 것이다.

"엄마, 어지러워요. 지진 났나 봐요. 건물이 흔들려요."

"건물이 흔들리다니? 높은 곳에 올라와서 기압차 때문에 그렇게 느끼는 거야."

아이와 함께 63빌딩의 수족관을 구경 온 어느 어머니의 말이다. 그러나 사실 건물은 흔들리고(진자 운동) 있다. 만약 건물이 흔들리지 않는다면 무너져내릴 것이다. 딱딱하면 부러진다는 옛말도 있고, 부드러움이 강함을 제압하는 취권도 우리는 알고 있다. 예컨대 젓가락도 나무로 만든 것은 잘 부러지지만, 대나무로 만든 젓가락은 휘어질망정 잘 부러지지는 않는다. 건물도 마찬가지여서 딱딱한 건물은 그보다 센 힘을 만나면 부서지지만, 부드럽고 유연한 건물은 환경 변화에 대응할 수 있다. 사실 건축가들이 높이 200미터 이상, 또는 50층 이상의 초고층 건축물을 설계할 때 바람에 대한 흔들림을 어떻게 제어하느냐는 큰 골칫거리 중 하나다. 바람은 지상에서 높아질수록 세기가 커지며, 바람의 세기가 약하더라도 건물의 고유 진동과 맞아 공명共鳴resonance 현상을 일으키며 건물이 엿가락처럼 휘어져 무너져내린다는 것을 우리는 경험상 알고 있기 때문이다.

흔들림의 정도는 건물마다 다른데 아랍에미리트의 두바이Dubay 시에 있는 '탑'이란 의미의 부르즈Burj 빌딩은 호텔·아파트·오피스의 복합 용도 건물이다. 철탑까지의 높이가 705미터이고 흔들림 폭은 4.8~5미터에 이른다. 그런데 왜 우리는 그 흔들림을 느끼지 못하는 걸까? 이는 건물의 꼭대기 부근에 바람이 불 때, 바람의 흔들림 주기를 바꾸어주는 (하중)장치인 댐퍼Damper를 설치하기 때문이다. 댐퍼의 원리는 간단하다. 흔들리기 쉬운 건물 꼭대기 층을 무겁게 하는 것이다. 그러기 위해 건물 내부에 무게추를 달기도 하고 외부에 묵직한 하중체를 올려 건물의 흔들림이 상쇄되도록 바닥에 스프링 장치를 하기도 한다. 건물의 높이가 508미터로 현재 세계에서 가장 높

타이페이 101의 외관
타이페이 101의 공 모양 댐퍼. 2개 층에 걸쳐 자리잡고 있으며, 92층에서 내려온 와이어로프 다발이 네 군데를 고정하고 있다. 또한 바닥에는 8개의 유압식 범퍼로 고정해놓았다

은 타이페이101의 경우 직경이 6미터에 이르고 무게가 730톤이나 되는 추 (강철 공)를 87~88층 사이에 설치했다. 사실 이 추는 시계추처럼 흔들리는 것은 아니고 바닥에 설치된 유압 범퍼로 고정되어 있다. 이 추 덕분에 건물 의 최대 흔들림 주기가 3분의 1까지 줄어들었다.

건물의 흔들림 주기는 높고 유연한 건물일수록 길다. 예를 들어 9 · 11 테러로 무너진 뉴욕 세계무역센터 철탑의 높이는 405미터이며 진동 주기는 10초이고, 10층 벽돌조 건물의 주기는 2분의 1초다. 즉 높은 건물은 천천히 크게 움직이고 낮은 건물일수록 빠르게 흔들린다는 것인데, 이는 다음과 같 은 실험을 통해 **간단히** 알 수 있다.

$$f = \frac{1}{2\pi} \sqrt{\frac{K}{M}}$$

f = 흔들림 주기 Hertz

K = 건물의 딱딱함 정도

M = 건물의 하중

공명이 대체 뭐기에 다리까지 무너뜨린단 말인가? 공명共鳴, 또는 공진 共振이란 한자어가 나타내듯 두 흔들림, 혹은 떨림의 만남이다. 그러므로 공 명을 이해하려면 우선 떨림을 이해해야만 하다.

"요즈음 트렌드는 '떠는 것' 아니니?"

"떤다고?"

"그래, 요즈음 보니까 광고 내용도 그렇고, 춤도 그렇고, 휴대폰도…… 뭐, 다 떨더라."

새로운 사업 아이템을 찾느라 트렌드를 묻는 친구의 질문에 대한 나의 소견이었다. 그때 자기만 대화에서 소외당했다고 생각했는지 옆에서 듣고

자 유 진 동 주 기 실 험 퀴 즈

준비물

준비물

20×10×10센티미터 크기의 블록 형태 스티로폼 1개,
고무찰흙 또는 지름이 다른 공(하중체), 굵기가 같은 꽃철사, 굵기가 다른 꽃철사

실험 1

- 준비된 고무찰흙을 지름 2센티미터 정도 크기로 둥근 공을 만들고, 굵기가 같은 철사에 공을 끼운다. 여기서 주의해야 할 점은 반드시 공 중간에 철사가 오도록 하는 것이다.
- 다음은 철사의 다른 끝을 블록에 끼우는데, 철사의 길이를 달리 한다(예, 10센티미터, 15센티미터, 20센티미터).
- 이제는 세워놓은 둥근 공 끝을 약 3센티미터 정도 잡아당기듯하여 진동을 유도해본다.
- 셋 중에 어느 것의 수기가 짧을까?

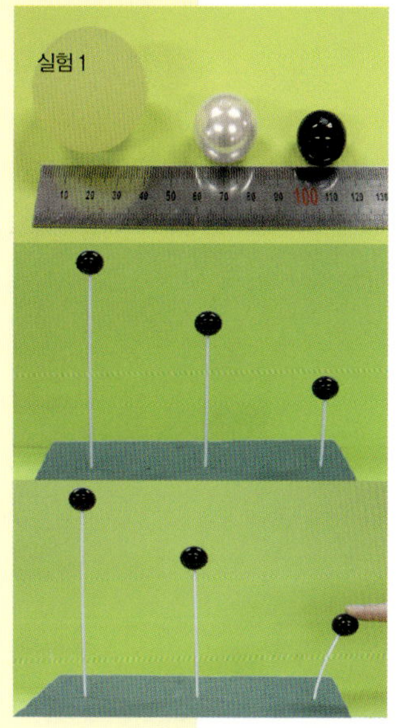

실험 2

- 다시 고무찰흙으로 공 2개를 만들고, 꽃철사에 이 공들을 각각 끼운다.
- 이때 꽃철사의 길이는 같게 하고, 두께가 다른 철사를 사용한다.
- 다음은 세워놓은 둥근 공 끝을 약 3센티미터 정도 잡아당기듯하여 진동을 유도해본다.
- 두께가 두꺼운 철사와 가는 철사 중에 어느 것의 주기가 짧을까?

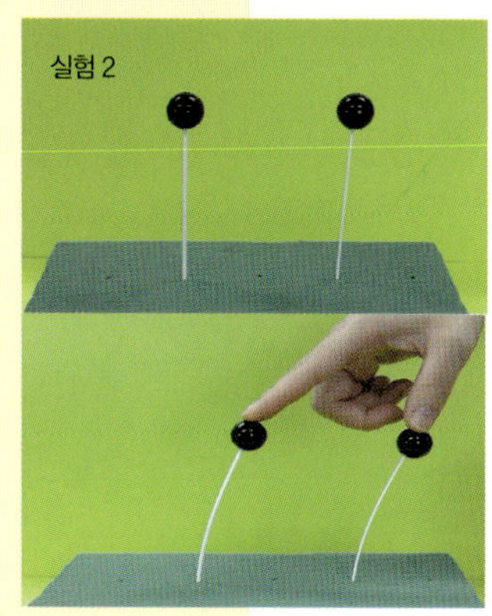

실험 3

- 이번에는 철사의 조건(같은 두께, 높이 15센티미터 정도)과 공의 크기를 달리 해본다.
- 셋 중 진동 주기가 긴 것은?

(힌트) 건물의 흔들림을 줄이기 위해 꼭대기에 하중 장치를 한다.
(정답) P.87 참조

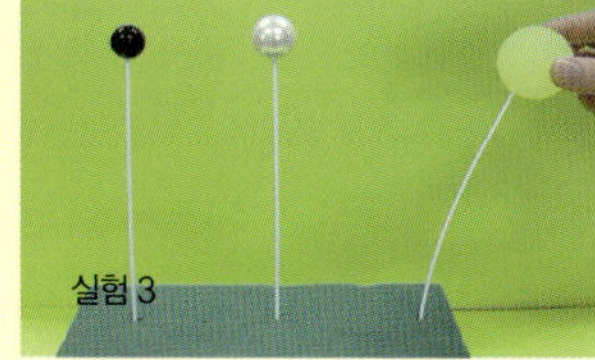

타 코 마 의   교 훈

↑ 워싱턴의 타코마 다리
↓ 워싱턴 타코마 다리의 붕괴 모습

군대가 강하면 멸망할 것이요, 나무가 단단하면 부러진다.
-노자

노자老子는 딱딱하면 부러진다는 것을 BC 6년경에 이미 경고했지만, 이러한 사실을 건축가들이 알고 실천에 옮긴 것은 그리 오래 되지 않으며, 그것도 아주 큰 대가를 치른 후, 사후약방문死後藥方文 격으로 얻은 결과였다.

그런 의미에서 1940년 11월 17일은 역사적으로 큰 의미가 있는 날이다. 워싱턴의 타코마 다리tacoma bridge가 붕괴된 날인데, 이 다리는 시속 190킬로미터의 강풍에도 견딜 수 있도록 설계되어 당시 세간의 이목을 집중시켰으나, 준공된 지 3년 만에 시속 70킬로미터의 바람 앞에 무릎을 꿇고 말았다. 당시 큰소리를 치던 토목기술자들이 아연실색하여 원인을 찾은 끝에 내린 결론은 공명(공진) 때문이라는 것이다. 즉 다리의 고유 진동natural frequency과 바람의 진동forced frequency이 힘을 합해서 흔들림의 폭이 커졌던 것이다. 그러나 기술자들에게는 좌절은 있어도 실패란 없다. 이를 계기로 건물의 고유 진동을 이해하고 적용하여 현대의 고층 건물은 높이 등에 따라 각양의 진동 주기를 갖도록 설계했다. 덕분에 모두 조금씩 흔들림으로써 비로소 안정을 찾았다.

있던 아이가 끼어들었다.

"엄마, 그런데 소변을 보고 나면 왜 몸이 떨려요?"

"사람의 체온은 36.5도인데 몸은 항상 그 온도를 유지하고 싶어 하지. 그런데 소변을 볼 때면 소변은 자기 혼자 몸 밖으로 나가지 않고, 몸 속에 있는 열도 함께 데리고 나간단다. 때문에 사람은 갑자기 춥게 느껴지고 빨리 온도를 제자리로 돌려놓기 위해 몸(근육)을 떨어서 열을 내어 몸을 데우는 거란다."

"아! 그래서 떠는 거로구나."

"그래, 사실 또 떨림 때문에 우리는 들을 수도, 볼 수도 있는 거란다."

"귀로 듣고 눈으로 보는 거잖아요. 그런데 떠는 것과 무슨 상관인데요?"

"우리는 빛의 입자가 떨면서(전자기파) 파도처럼 밀려와 물체에 부딪혀 반사되는 것을 본단다. 소리도 마찬가지인데 공기(입자)가 떨기 때문에 들을 수 있는 거란다."

"그렇구나. 떠는 게 중요한 거구나."

"그럼, 우리는 모두 떨고 있는걸."

"우리 집도 떨어요?"

"그럼, 너도 떨고 네 책도 떨지. 그렇게 떨어서 자기 존재를 알리는 신호(파동)를 보내는 거야. 단지 네가 느끼지 못하는 것뿐이야."

설명을 듣고 난 아이는 제 방에 들어가 제 방 물건을 보면서 "떨고 있나, 침대 상사? 아니! 너, 믿었던 책상 장군 너마저 떨다니." 하면서 혼자 중얼거린다.

도대체 '떨림'이라는 게 뭐란 말인가? 좀더 구체적으로 들어가보자.

사람이나 물체나 평화롭고 안정된 상태를 원한다. 평화롭고 안정되려면 너와 내가 공평해야 한다. 누구든 비교우위에 있으면 그것이 질투를 불러일으키고 불만이 쌓여 문제의 발단이 된다. 하지만 나무는 고요히 지내려 하나 바람이 그치질 않아 고요히 지낼 수 없듯 우리 주위 환경과 그 변화는 지구상의 모든 물체에게 끊임없이 변화를 강제하고 물체는 이에 반발하여 다시 고요한 평정을 찾으려 하는데, 이러한 반발력의 하나가 진동이다.

진동은 외력이 순간적으로 작용했는가, 아니면 지속적으로 작용하는가에 따라 자유 진동과 강제 진동의 두 가지 종류로 나누는데, **자유 진동**은 1회적으로 발생한 외력에 대한 복원력이다. 예를 들어 물을 채운 욕조에 플라스틱 공을 넣어두면 튀어올랐다 가라앉기를 반복하다가 멈춘다거나, 오뚝이를 손으로 툭 치면 흔들리다가 제자리를 찾는다. 바다의 파도도 자유 진동을 이해하는 데 아주 좋은 예다. 아무리 기세 좋게 밀려오는 파도라도 해안에 가까울수록 힘이 약해지는데, 힘을 약화시키는 요인은 마찰력이다. 이렇게 마찰력에 의해 진폭이 점점 줄어드는 현상을 '감쇠damping'라고 하며, 자유 진동의 특성이다.

이에 반해 **강제 진동**은 지속적인 외력에 의해 일정한 진폭을 유지하는 것으로, 아래로 갈 때마다 밀쳐서 외력을 제공하는 그네가 바로 강제 진동에 해당한다.

떨림, 진동에 대한 설명은 이쯤 하고 이제는 본론인 공명에 대하여 이야기해보자.

떨림으로 꽉 차 있는 지구상의 모든 물체는 자기만의 개성 있는 떨림(진동수)을 가지고 있는데, 이를 고유 진동이라고 한다. 즉 고유 진동이란 어떠한 외적인 힘이 가해지지(강제 진동) 않은 상태에서 일어나는 물체의 타고난 떨림이다. 그 고유 진동이 주변의 다른 떨림과 만났을 때 호흡이 잘 맞아 힘

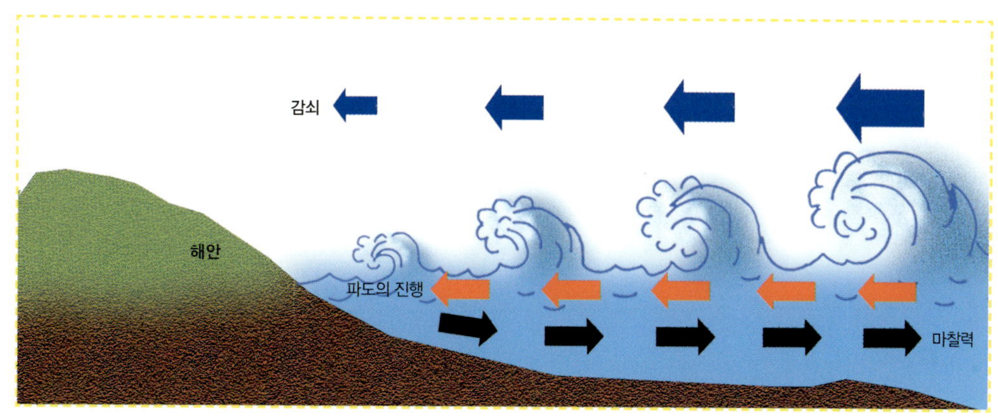

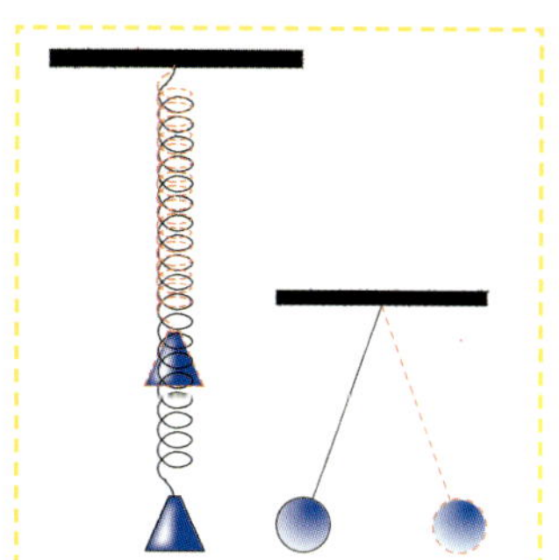

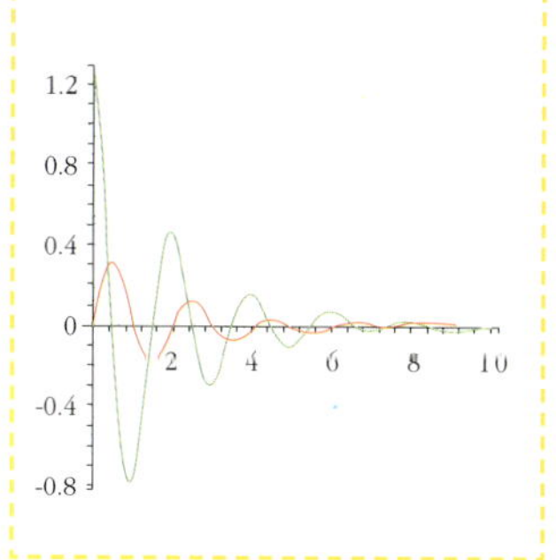

마찰력에 의한 감쇠 현상
자유 진동의 예
감쇠 그래프

(파장)을 가세한 현상이 바로 공명인데, 물체의 고유 진동이 가지고 있는 진동수와 외부 강제 진동의 진동수가 가까울수록 더 큰 공명 효과를 얻는다. 이러한 공명 현상은 우리도 실생활에서 자주 경험하고, 또 이용하기도 하는데, 우리가 누군가의 그네를 밀어준다고 가정해보자. 그네가 충분히 뒤로 와서 멈춘 순간 밀어주면 큰 힘 들이지 않고도 그네를 높이 올릴 수 있다. 또 널뛰기할 때 호흡을 잘 맞추면 높이 뛸 수 있는 것도 공명을 이용한 것이며, 높은 교회 종탑의 종을 칠 때 끈의 흔들림 주기를 이용하여 종을 치는 것 등이 모두 공명 현상을 이용한 것이다.

자, 이제 공명의 엄청난 위력을 시험해볼 때다. 일명 손가락으로 건물 무너뜨리기랄까?

문제는 건물의 고유 진동과 여러분이 두드리는 손가락의 진동이 만나는 순간을 잡기가 곤란하다는 건데, 그래도 두드리다 보면 언젠가는 건물의 고유 주파수와 만나 무너지지 않을까? 설마 이를 진짜로 실행에 옮기는 독자가 있으려나?

퀴즈 정답

1. 가장 짧은 철사
2. 두꺼운 철사
3. 큰 공

건물도 내복을 입고 있어요! ;

단열, 열의 이동

이제 우리는 추위나 더위를 느끼는 이유를 과학적으로 그럴싸하게 설명할 수 있다. 즉 피부로부터 전도 · 대류 · 복사를 통해 외부 환경 기후와 끊임없이 열에너지를 주고받아 열평형을 강제당하기 때문에 그 같은 자극을 인지하는 것이다.

건물도 우리 몸과 마찬가지다. 우리 몸의 피부에 해당하는 벽체는 실외 환경 기후와 열교환을 한다. 구체적으로 살펴보면 천장에서 약 40퍼센트, 바닥에서 36퍼센트, 벽에서 14퍼센트, 문이나 창을 통해서 10퍼센트 정도의 에너지 손실이 발생한다. 이러한 열손실은 공기의 대류 탓인데, (고체)벽 양쪽의 기체나 액체의 온도가 다를 때, 벽을 통해 고온에서 저온으로 열이 흐른다. 이를 열관류 熱貫流라 한다. 그래서 건물을 지을 때 열의 전도를 통한 열관류를 최소화하기 위해 내복을 입히는데, 이를 단열재라 한다. 한마디로 건물의 단열(재) 기능은 열관류를 방해하는 것이다.

그리기를 좋아한다. 크리스마스를 며칠 앞둔 어느 날 창 밖에 함박눈이 내리고 있었다. 잠시 쉬려고 기지개를 펴다 흘끔 아이가 앉은 책상 위를 보니 정말 재미있는 그림이 놓여 있었다. 굳이 제목을 붙이자면 '목도리를 두른 집' 정도일까?

↑ 벽의 단면을 연상시키는 샌드위치

"이게 무슨 그림이니?"

"밖이 무지 춥잖아요. 눈도 내리고."

"그래서?"

"집도 엄청 추울 것 같은데 목도리를 해주면 조금 덜 추울 것 같아서요."

"아, 그렇구나. 그런데 집은 태어날 때부터 내복을 입고 있어서 괜찮을 것 같은데."

"어떤 내복을 입었는데요?"

"집도 사람하고 똑같아. 사람에게 피부가 있다면 집에는 벽이 있지. 이미 그 벽 사이에 따뜻한 내복을 입혀주었단다. 그래서 벽을 옆에서 보면 마치 샌드위치같이 보이지."

"아, 그렇구나."

머리를 두어 번 주억거리던 녀석은 '곰돌이가 그려진 내복을 입은 집'을 자랑스럽게 그려놓고 잠이 들었다.

아이의 그림을 곰곰이 들여다보며 우리가 추위를 느끼는 이유를 생각해보았다. 이는 변장술이 뛰어난 에너지가 형태를 바꿔가며 마음대로 이동할 수 있다는 특성 때문이다. 특히 열에너지의 이사 다니는 솜씨는 일품이다. 이렇게 쉽고 빠르게 옮겨다니는데도 단순하지만 철저한 규칙은 있다. 이 변장술의 달인은 반드시 더운 쪽에서 찬 쪽으로만 이동한다. 그리고 전도·대류·복사라는 세 가지 방법으로 이동한다.

전도는 열이 고체에서 고체로 직접 옮겨가는 것이다. 라면을 끓일 때 가스불의 열에너지가 냄비로 직접 옮겨가는 것이나 쇠 젓가락을 이용해 뜨거운 라면을 먹을 때 젓가락으로 열이 전달되는 것이 좋은 예다.

대류의 경우는 열에너지가 이동 수단으로 액체나 기체를 이용해 이동한다. 더운 공기는 상승하고 찬 공기는 가라앉는 것처럼 더워진 공기나 액체가 큰 덩어리를 이루어 찬 공기나 액체 덩어리와 자리를 바꾸는 원리다. 또한 이러한 자리바꿈 현상이 지속되는 것을 대류 셀^{convection cell}이라고 하며 이 때문에 엘리뇨^{El Nino}와 같은 이상 기후 현상이 발생한다.

마지막으로 **복사**는 독립을 좋아하는 열에너지의 이사 방법이다. 남의 도움 없이 혼자서 자유롭게 방랑을 즐기는 것인데, 실은 온전히 독립적으로 이동하는 것이 아니라 적외선이 열에너지를 옮겨주는 것이다. 어쨌거나 이

사 가는 흔적을 남기기 싫어한다. 이 때문에 난롯가에 있으면 그냥 온기가 전해지는 것이다. 모든 물체는 복사를 통해서 열을 내놓는다.

너무 한꺼번에 많은 걸 생각하니 머리가 아프다고요? 그럼 조금 더 쉽게 이해하도록 예를 들어보자. 요즈음 안부 인사나 편지 대신 휴대폰이나 이메일을 많이 사용한다. 하지만 그 외에 우편물을 보내는 방법들을 이야기하자. 우선 사람이 직접 우편물을 옮겨주는 택배door to door service가 있고, 배나 항공편을 이용하는 방법이 있을 것이고, 또 여러분이 자주 사용하는 이메일이 있을 것이다. 사람이 직접 우편물을 날라다주는 택배를 전도로 이해하면 쉬울 것이다. 물건(열에너지)을 직접 사람(고체)이 사람(고체)에게 전달해주니 말이다. 배나 항공편으로 우편물을 보내는 방법은 대류에 해당한다. 배가 뜨려면 물이 필요하고, 또 비행기는 대기가 필요하니까. 마지막으로 요즈음 가장 흔히 사용하는 메일은 복사로 생각하면 좋겠다. 편지가 어디로 어떻게 가는지 흔적은 없지만 여하튼 소식은 전달되니까 말이다.

이제 우리는 추위나 더위를 느끼는 이유를 과학적으로 그럴싸하게 설명할 수 있다. 즉 피부로부터 전도·대류·복사를 통해 외부 환경 기후와 끊임없이 열에너지를 주고받아 열평형을 강제당하기 때문에 그 같은 자극을 인지하는 것이다.

건물도 우리의 몸과 마찬가지다. 우리 몸에 있어 피부에 해당하는 벽체는 실외 환경 기후와 열교환을 한다. 구체적으로 살펴보면 천장에서 약 40퍼센트, 바닥에서 36퍼센트, 벽에서 14퍼센트, 문이나 창을 통해서 10퍼센트 정도의 에너지 손실이 발생한다. 이러한 열손실은 공기의 대류 탓인데, (고체)벽 양쪽의 기체나 액체의 온도가 다를 때, 벽을 통해 고온에서 저온으로

열관류는 열에너지가 고체를 통하여 공기에서 공기로 전해지는 것을 말한다.

열전도란 열에너지를 고체의 한쪽 표면에서 다른 쪽 표면까지 전달하는 것을 말한다.

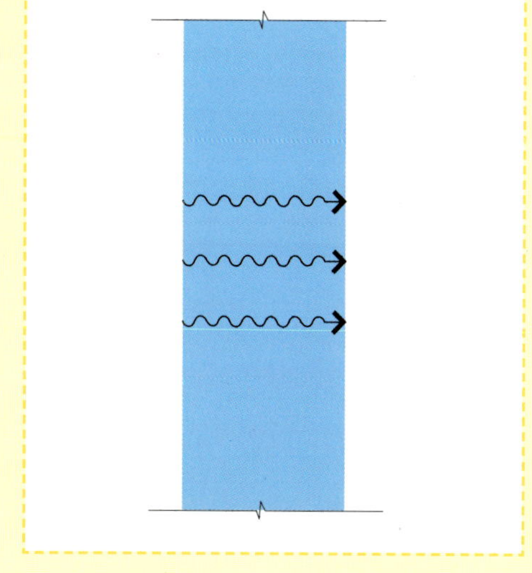

열관류의 열에너지 이동
전도의 열에너지 이동

  건물도 내복을 입고 있어요! ; **단열, 열**의 **이동**

열이 흐른다. 이를 열관류熱貫流라 한다. 그래서 건물을 지을 때 열의 전도를 통한 열관류를 최소화하기 위해 내복을 입히며 이를 단열재라 한다. 한마디로 건물의 단열(재) 기능은 열관류를 방해하는 것이다. 즉 **외벽**에서 전도된 **열에**너지를 내부로 통과시키는 시간을 지연시키거나 **최소화해** 외부 환경의 **변화**에 대해 내부 환경을 **덜 민**감하게 만드는 것이다. 당연히 단열재를 입힌 **집은 추운** 겨울날에도 **따뜻**함을 유지할 수 있고, 더운 여름날에도 서늘함을 즐길 수 있는 것이다. **냉난방** 에너지를 **절약**할 수 있는 것도 두말하면 잔소리다.

이러한 단열재는 천장 · 벽 · 바닥 등 집의 벽체가 외부와 닿는 모든 부분에 설치한다. 사람들도 추위를 느끼는 강도가 신체 부위에 따라 다르듯 건물도 마찬가지다. 따라서 단열재를 사용하는 두께가 부분별로 다른데, 특히 천장에 가장 두꺼운 단열재를 사용한다. 머리카락이 없던 노교수가 "나는 겨울 채비 끝냈어." 하고 너스레를 떨며 모자를 들이밀던 기억이 떠오르는 대목이다. 사람이나 건물이나 상부의 열교환이 가장 심한 모양이다. 또한 지역마다 옷차림이 다르듯 건물 단열재의 두께도 지역마다 정해진 기준이 다르다.

단열재는 마치 빵에 잼을 바르듯 벽에 붙여두기도 하고, 벽과 벽 사이를 띄워 공기로 단열하기도 한다. '공기가 단열재의 역할을 한다?' 쉽게 이해하지 못하는 친구들은 비열을 이해하면 덩달아 고개가 끄덕여질 것이다. 지구상에 비열이 가장 큰 것은 수소다. 공기(공기는 78퍼센트의 질소, 21퍼센트의 산소, 0.9퍼센트의 아르곤, 0.03퍼센트의 이산화탄소 등으로 구성돼 있고, 그 외에 무시해도 좋을 정도의 네온과 헬륨, 크립톤, 크세논, 오존 등이 섞여 있다)에는 다량의 수소가 포함되어 있어 이 수소가 비열을 크게 한다. 도대체 비열의 크

사막의 큰 일교차는 비열 때문이래요!

여름이 되면 사람들은 시원한 바닷가로 피서를 간다. 한낮이 되면 바닷가의 모래는 태양에 달궈져 발을 디디기 힘들 정도로 뜨겁다. 그래서 모두들 바닷물로 뛰어든다. 하지만 저녁이 되면 언제 그랬냐는 듯 식은 모래사장에 모여 캠프파이어를 즐긴다. 그런데 좀 이상하지 않은가? 분명히 태양은 모래사장과 바다에 공평하게 열을 방사했는데 왜 모래는 뜨겁고 바닷물은 시원한지 말이다. 그건 바로 비열 때문이다. 비열이란 동일 양의 열에너지를 받아도 물질에 따라 온도 상승의 정도가 다른 성질을 말한다. 지구에서 비열이 가장 큰 것은 수소이고, 다음은 분자가 수소 결합을 하고 있는 물이다. 물의 비열은 1인데 이것은 물 1그램의 온도를 1도(정확히는 3.5~4.5도이지만) 올리는 데 필요한 열량이 1칼로리라는 의미다. 비열이 크다는 것은 그만큼 외부 환경 변화에 안정적임을 나타낸다. 그래서 동일한 무게의 물과 금속에 동일한 열을 가하면 금속이 훨씬 뜨거워지는 것이다. 보통 물이 10도 오를 때 철은 90도나 오른다.

↑ **비열차 때문에 한낮이 되면 시원해지는 바닷물과 반대로 뜨거워지는 모래사장**

모래의 주성분은 탄산칼슘($CaCO_3$)이다. 당연히 서열 2위인 물보다는 비열이 적다. 그래서 모래사장은 항상 (바다)물보다 먼저 데워지고 먼저 식는 변덕을 부린다. 그러니 완전히 모래로 뒤덮인 사막은 어떻겠는가? 사막은 적은 강수량에다 증발량이 많아서 나무와 풀이 살 수 없는 곳이다. 사실 비의 양보다는 증발이 더 문제다. 증발이 많으면 땅에 물이 적다는 것을 의미하고, 또 물이 적으면 비열이 낮아지므로 외부의 열환경에 따라 쉽게 온도가 오르락내리락하는 특징을 갖는다. 그래서 사막은 밤낮의 일교차가 큰 것이다.

↑ **밤낮의 일교차가 큰 사막**

건물의 표면적 문제!

　　겨울에 추운 건 당연하다. 내복을 입건 외투를 걸치건 따뜻하게 지내려면 집 밖에 나가지 않는 것이 그만이다. 외출하지 않으면 찬바람과의 접촉을 피할 수 있기 때문이다. 그러나 항상 외부에 노출된 건물은 어떻게 해야 할까? 방법은 한 가지, 외기와의 접촉 면적을 줄이는 것이다. 보통 체구가 큰 사람들은 더위에 약하다고 한다. 이는 피부 표면적이 넓은 만큼 외부의 접촉도 많으므로 그럴 가능성이 높다. 건물도 마찬가지다. 표면적을 줄이는 방법이 열손실을 최소화할 수 있는 방법이다. 그렇다면 어떤 형태가 가장 표면적을 줄일 수 있을까? 여러분이 한번 생각해보세요. 힌트를 주자면 추운 지방에 사는 에스키모인들을 연상해보세요. 그들이 사는 이글루가 그 답을 줄 겁니다.

기가 무엇이기에 단열과 연관이 있다는 것일까? 비열이 크다는 것은 외부 환경에 대한 반응이 적음을 의미한다. 누가 뭐래도 소신을 가지고 뚝심 있게 버티는 친구들은 비열이 큰 셈이다. 당연히 외부의 찬 공기나 더운 공기는 이 단열재를 쉽사리 뚫지 못한다.

자, 그럼 근본적인 문제로 눈을 돌려보자. 처음부터 외부의 찬 공기나 더운 공기를 막으면 될 것이지 왜 벽과 벽 중간에 단열재를 넣는 것일까? 아주 좋은 질문이다. 단열재는 벽체를 기준으로 안쪽에 넣는 방법과 바깥쪽에 붙이는 방법이 있다. 이를 내단열과 외단열이라고 부른다. 내복을 잘 입었더라도 외투가 부실하면 춥게 느껴지는 것처럼, 건물 역시 외투를 잘 입는 것이 훨씬 더 효과적이다. 이를 '외단열 시스템' 혹은 제품명을 따서 '드라이비트dryvit'라고 통칭하기도 한다. 외벽 단열 공법은 제2차 세계대전으로 폐허가 된 도시의 주택난 해결을 위해 빠른 집짓기용으로 개발된 것이다. 이후 이 공법은 빠른 시공과 30퍼센트 정도의 에너지 절감 효과, 거기에 1960년대의 석유위기까지 거치면서 전 세계로 확산되었다. 보통 단열재는 스티로폼을 주로 사용하는데 이 소재는 열과 충격에 약하다. 그래서 스티로폼을 외부에 붙이기보다는 내단열에 많이 사용하는 것뿐이다. 최근 많이 이용하는 외단열 시스템 역시 주소재가 스티로폼임은 마찬가지나 그 위에 접착제로 합성수지 그물망을 붙이고 그 위에 드라이비트용 도료를 뿌려서 마감하는 것이다.

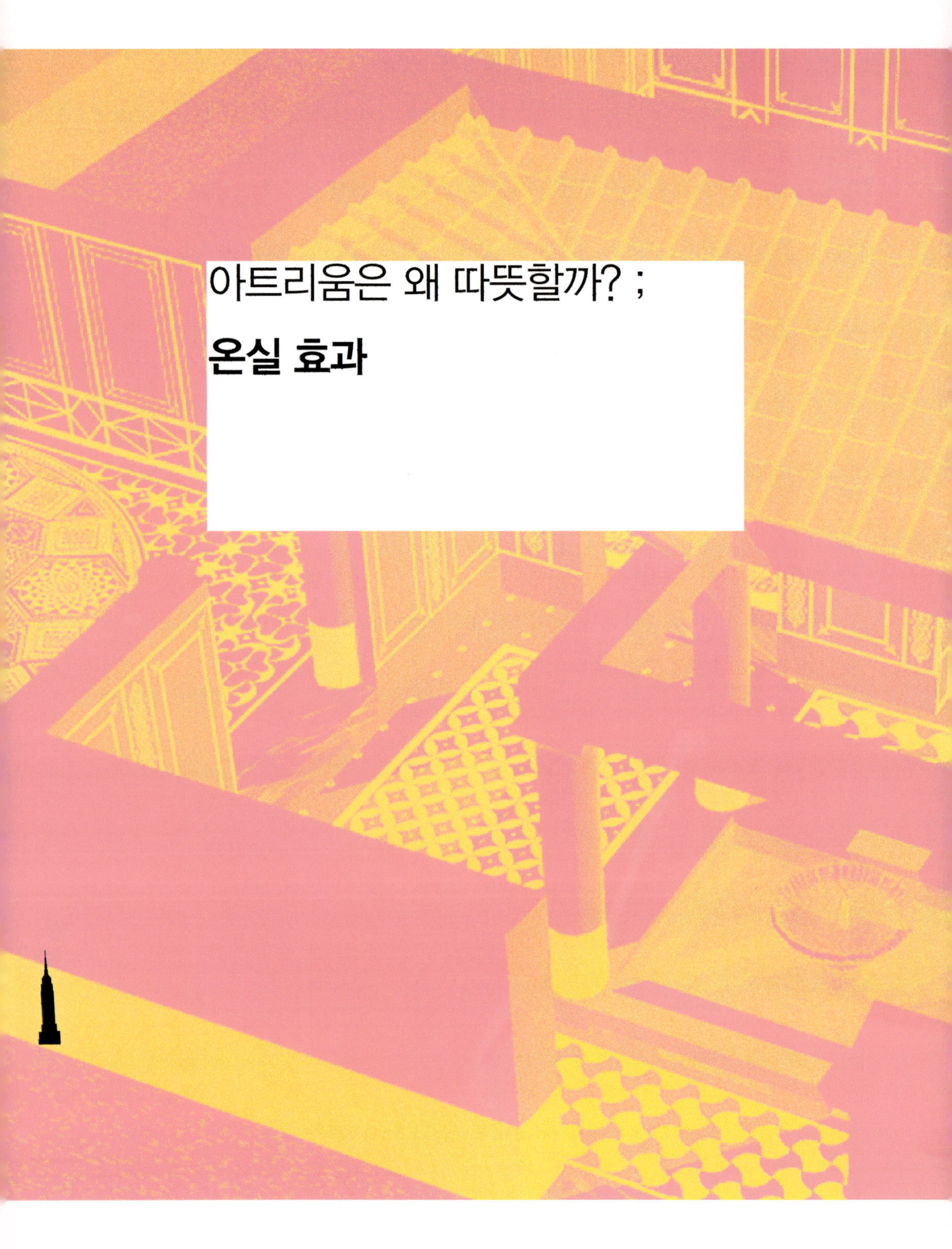

아트리움은 왜 따뜻할까? ;

온실 효과

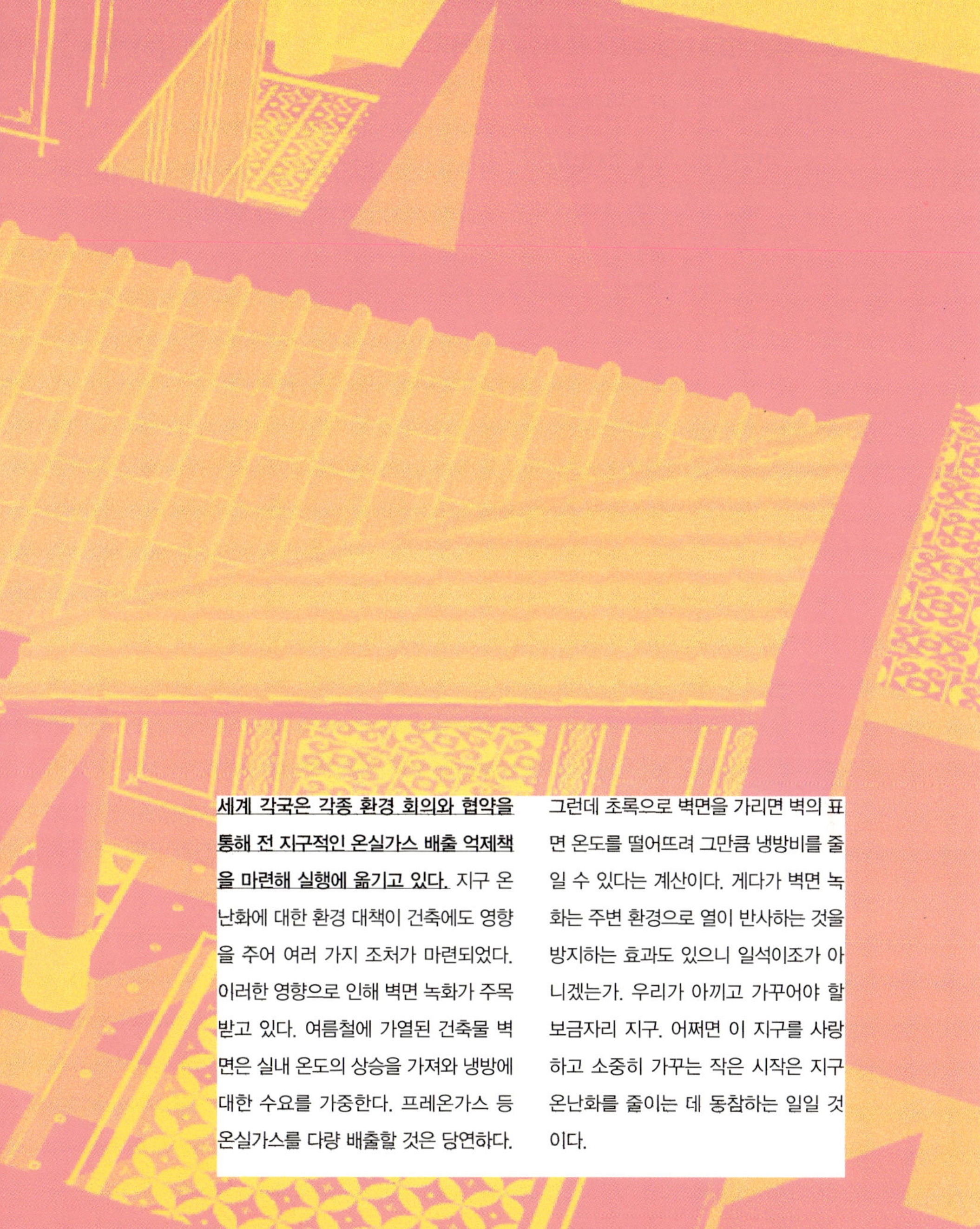

세계 각국은 각종 환경 회의와 협약을 통해 전 지구적인 온실가스 배출 억제책을 마련해 실행에 옮기고 있다. 지구 온난화에 대한 환경 대책이 건축에도 영향을 주어 여러 가지 조처가 마련되었다. 이러한 영향으로 인해 벽면 녹화가 주목받고 있다. 여름철에 가열된 건축물 벽면은 실내 온도의 상승을 가져와 냉방에 대한 수요를 가중한다. 프레온가스 등 온실가스를 다량 배출할 것은 당연하다.

그런데 초록으로 벽면을 가리면 벽의 표면 온도를 떨어뜨려 그만큼 냉방비를 줄일 수 있다는 계산이다. 게다가 벽면 녹화는 주변 환경으로 열이 반사하는 것을 방지하는 효과도 있으니 일석이조가 아니겠는가. 우리가 아끼고 가꾸어야 할 보금자리 지구. 어쩌면 이 지구를 사랑하고 소중히 가꾸는 작은 시작은 지구 온난화를 줄이는 데 동참하는 일일 것이다.

해결하려고 동네의 작은 도서관을 찾았다. 아트리움에 들어서자 아이가 두르고 있던 목도리를 풀어헤친다.

"엄마, 여긴 따뜻하네요. 어, 난로도 없는데? 어디에 숨겨뒀을까?"

"글쎄, 난로를 숨겨뒀는지는 잘 모르겠지만 하여튼 뭘 숨겨두긴 숨겨뒀겠지."

"뭘 숨겼는데요?"

"유리가 햇빛을 숨겨뒀단다. 마치 온실에 들어온 것 같지?"

"맞아요. 꼭 저번에 갔던 식물원 같아요. 그런데 햇빛을 어떻게 숨겼는데요?"

"정확하게 말하면 숨긴 것이 아니라 갇힌 거란다."

"불쌍하다."

"하지만 갇힌 햇빛 덕분에 지구가 따뜻한 것이고, 덕분에 우리도 살 수 있는 거야."

"그럼 지구도 유리 안에 있나요?"

"아니, 유리처럼 투명한 공기가 유리 대신 지구를 이불처럼 덮어준단다."

"공기, 우리가 숨쉬는 공기가 지구의 이불이라고요?"

흔히 웬만한 규모의 건물에는 중정中庭이라고도 부르는 아트리움이 있다. 그 안에 들어가면 참 아늑하고 따뜻하다. 이 아트리움은 1970년대 석유 위기 이후 에너지 절약 요구가 건축에도 불어닥치면서 미국을 중심으로 구미 각국에 유행처럼 보급되었다. 우리나라에서는 1980년 이후에 적극적으로 도입되었다. 고대부터 사용했던 아트리움은 원래 외부 공간이었지만 근

 아트리움은 왜 따뜻할까? ; **온실 효과**

마당이 아트리움이라고?

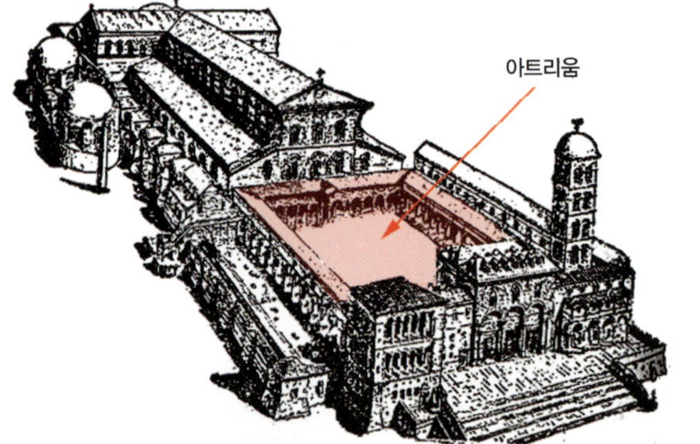

원래 아트리움은 로마 시대 주택의 안뜰을 지칭하는 말이다. 이 안뜰은 지붕이 씌워져 있었다. 그리고 지붕은 경사를 안쪽으로 모이게 했고, 그 중앙부에는 빛우물을 형성해주는 네모난 천창天窓을 만들었다. 또한 안뜰 바닥에는 지붕의 천창에서 떨어지는 빗물을 받을 수 있는 못을 만들었다. 이후 중세의 바실리카식(로마 시대의 법정이나 상업거래소·집회장, 때로는 궁정 등에 사용된 직사각형 평면의 공공 건축 형식이다. 그리스 관공서를 '바실리케'라 불렀는데, 이에 대한 라틴어 표현이 바실리카basilica다) 교회당에서는 기둥식 복도(柱廊)로 둘러싸인 앞마당(前庭部)을 아트리움이라고 했다. 현대에서는 보통 중앙 홀 혹은 중정을 통칭하는 말로, 흔히 건물을 수직으로 뚫어 유리 천창을 사용해 자연 채광을 받아들이도록 되어 있다.

고대 로마 시대 주택의 안뜰 (아트리움)
중세 로마 시대의 앞마당 (아트리움)
현대 아트리움의 유리 천창을 통해 들어온 자연 채광

대에 들어와 유리가 건축 소재로 널리 사용되면서 내부 공간으로 새롭게 태어났다. 제법 규모가 있는 아트리움의 경우는 내부에 조경수를 심기도 하여 마치 자연을 유리에 담아 옮겨놓은 듯한 인상을 주곤 한다.

그렇다면 왜 아트리움의 내부는 따뜻한 걸까? 어떻게 그 안에 햇빛을 가둘 수 있었을까? 더 희한한 것은 들어온 햇빛이 도망치지 못하는 이유다. 아주 엉뚱하게 들릴지 모르지만 그 답은 꼬리가 길어서 밟힌 것이라고 말할 수 있다. 갑자기 웬 꼬리? 햇빛이 도마뱀이라도 된다는 말인가, 꼬리가 달렸게? 도통 이해가 가지 않는 친구들을 위해 좀 논리적으로 설명해보겠다.

바닷가의 파도를 생각해보자. 저 멀리서 큰 파도가 밀려온다. 어른 두셋의 키를 훌쩍 넘기고도 남을 높이다. 그 파도가 바위에 부딪힌다. 그러고 나니 파도의 위세가 한풀 꺾여 높이가 현저히 낮아진다. 태양 에너지도 마찬가지다. 유리를 통해 아트리움으로 들어온 태양의 복사(모든 물체의 열에너지 방출 방식은 복사다) 에너지는 기세등등한 단파장의 자외선(UV)인데, 파도가 바위에 부딪히며 힘을 잃듯 유리를 통과한 태양 에너지는 장파장의 적외선(IR)으로 바뀐다. 이렇게 힘을 잃은 햇빛은 유리 밖으로 도망가지 못하고 갇히는 것이다.

파장? 이건 또 뭔가? 설명이 너무 어렵다고 머리를 흔드는 친구들을 위해 좀더 차근차근 짚고 넘어가자. 다시 파도를 예로 들어 설명한다. 만약 친구들에게 바다의 파도를 그리라고 하면 모두들 물결 모양을 그릴 것이다. 이때 물결 모양의 가장 높은 곳과 높은 곳까지의 거리, 혹은 가장 낮은 곳과 낮은 곳까지의 거리를 빛(파동)의 파장이라고 부른다. 이러한 파장은 빛에 따라 다르며, 사람이 볼 수 있는 가시광선의 파장(380~750nm)을 기준으로 파장이 짧은 단파장(380nm 이하)과 파장이 긴 장파장(750nm 이상)으로 구분한다. 단파장을 자외선(UV, ultraviolet rays), 빛의 스펙트럼에서는 적색 부분의 바깥쪽에 해당하는 장파장을 적외선(IR, infrared rays)이라 한다.

갇힌 태양 에너지로 따뜻해지는 현상을 온실 효과라고 하며, 이 때문에 우리 지구는 평균 15도 정도의 적정 온도를 유지할 수 있다. 만약 '온실 효과greenhouse effect'가 없었다면, 지구의 온도가 평균 –20도 정도로 떨어져 우리 모두 이글루에서 생활하고 있을지도 모른다.

그렇다면 이름을 왜 온실 효과라 지었을까? 친구들 대부분은 온실하면 겨울에 채소나 과일을 키우는 장소라는 것과 작은 유리집을 연상할 것이다. 이때 온실 유리판들은 투과된 빛의 열에너지가 밖으로 나가는 것을 막아 가두는 역할을 한다. 그러니 갇힌 태양 에너지 때문에 따뜻해지는 현상을 온실 효과라 불러도 이상할 것이 없지 않겠는가. 마치 한여름 주차장에 세워둔 자동차의 내부가 후끈 달아오르는 것과 같은 이치다. 이 때문에 추운 겨울에도 온실 안의 식물들은 충분한 태양 에너지를 받아 잘 자랄 수 있는 것이다.

그렇다면 지구에서 유리 같은 역할을 해주는 것은 무엇일까? 바로 대기

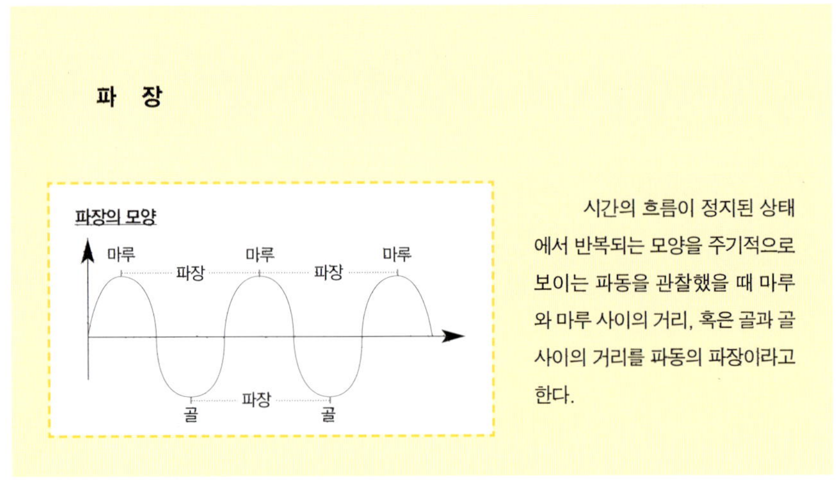

온 실 효 과 는 누 가 발 견 했 나 요 ?

온실 효과가 처음 발견된 것은 1824년, 프랑스의 수학자요 물리학자인 푸리에였다. 그 후 1896년 물리화학의 개척자이며, 스웨덴의 화학자인 아레니우스 Svante Arrhenius Arrhenius, 1859~1927는 태양 방출 에너지로 대기가 행성을 따뜻하게 하는 구체적인 양적 연구를 했다. 온실에서 식물을 자라게 하는 유용성과 이 현상이 비슷하다고 온실 효과라고 했다.

하지만 온실을 만들어 사용한 것은 우리나라가 세계 최초다(사실 로마에서도 온실을 사용했다는 기록이 있긴 하지만 로마 시대의 온실은 사람들이 직접 더운물을 뿌렸으므로 태양을 이용한 진정한 의미의 온실로 보기 어렵다). 더욱이 우리의 전통 온실은 (기름 먹인) 한지, 볏짚, 나무, 황토 등 친환경 재료들로 만들어 온도뿐 아니라 습도 조절까지 가능토록 했다는 점은 놀라울 따름이다. 이에 관한 기록은 1450년(세종 때) 조선 초 의관醫官이었던 전순의全循義가 편찬한 『산가요록山家要錄』이라는 농서農書의 「동절양채冬節養菜」편에 수록되어 있다. 2001년 이 책이 발견되기 전까지는 1619년 독일이 온실을 사용한 최초의 국가라고 알려져 있었다.

양평의 '석창원'이라는 곳에 조선 시대의 전통 온실이 복원되어 있는데, 이 전통 온실은 완전히 태양빛에만 의존하지는 않은 듯하다. 전통 온실은 난방 부분과 온실 부분으로 나뉘며 추운 날은 별도로 난방을 하는데, 연기는 외부의 굴뚝을 통해 내보내고 내부 온실과 연결된 관을 통해 온기와 습기를 온실에 공급하도록 되어 있다.

프랑스의 수학자이자 물리학자인 푸리에
스웨덴의 화학자인 아레니우스

석창원의 전통 온실

난방 부분과 온실 부분으로 나뉜 석창원

다. 지구의 대기는 우리 주변에 있으며, 또한 우리가 숨쉬는 공기이기도 하다. 이러한 대기는 마치 투명 담요와 같다. 이 투명 담요를 통과한 햇빛은 지구의 표면, 육지, 물, 그리고 생물권에 70퍼센트를 건네주고 나머지 30퍼센트는 반사하여 원래 자리인 우주로 날아간다. 이 투명 담요인 대기의 성분이 무엇인지 못내 궁금해진다.

최근 주목받고 있는 벽면 녹화

대기를 형성하는 것은 수증기와 이산화탄소(54퍼센트), 메탄(18퍼센트), 클로로플루오로카본 CFC(9퍼센트)^{일명 프레온가스라고도 하며, 탄소 · 수소 · 염소불소로 이루어진 각종 화합물로 스프레이의 분사제나 냉각제로 사용}, 대류권 오존(13퍼센트), 일산화질소(6퍼센트)가 대부분이다. 대기를 구성하는 이 가스들은 각각 알맞은 비율이 있어야 적당한 이불 노릇을 할 수 있다. 그런데 근래 들어 자동차 매연이나, 에어컨에 사용하는 프레온가스 사용의 급증이 이불을 두툼하게 만드는 결과를 초래했다. 우리는 이 '불편한 진실^{An Inconvenient Truth}'을 '지구 온난화^{global warming}'라고 부른다.

어떻게 이불이 두꺼워지냐고? '이불이 두꺼워진다'는 표현은 친구들의

불편한 진실

미국의 전 부통령 앨 고어Albert Gore, 1948~가 지구 온난화 등 심각한 환경 재앙이야말로 눈을 크게 뜨고 받아들여야 할 불편한 진실이며, 지금부터라도 이 위기를 다 함께 극복해야 한다고 역설하는 영화가 있다. 바로 데이비스 구겐하임 감독의 2006년 환경 다큐멘터리 《불편한 진실》이 그 주인공이다. 영화 속에서 그가 주장하는 환경 보호 10가지 수칙은 다음과 같다.

▲ **영화 《불편한 진실》 포스터** ⓒ2006 by Paramount Classics, a division of Paramount Pictures. All rights reserved

1. 효율이 높은 가전제품과 전구를 구입하여 CO_2 방출량을 제로 수준으로 만들고, 냉난방 온도를 적정 수준으로 유지하자.
2. 건물에는 반드시 단열재를 사용하고 사용한 에너지는 반드시 가계부에 기록하자.
3. 대중 교통을 이용하자. 만약 차를 사려거든 하이브리드 카hybrid car를 구입하라.
4. 환경 운동에 동참하여 후손에게 건강한 미래를 물려주자.
5. 재생 가능한 친환경 에너지를 사용하고 국가(전력 회사)에 그린 에너지 사용을 요구하자.
6. 환경 운동에 힘쓰는 정치인에게 투표하고 만약 그런 정치인이 없다면 직접 출마하라.
7. 나무를 심자.
8. 언론을 이용해 환경 문제의 심각성을 홍보하고 오염 물질 방출량 규제를 촉구하자.
9. 화석 에너지인 석유의 의존도를 줄이기 위해 대체 에너지를 사용하고 자동차의 연비 기준 강화와 배기가스 규제를 촉구하자.
10. 기후 변화가 주는 경고를 이해하기 위해 공부하고, 알았거든 이를 실생활에서 실천하자.

▲ **환경 재앙에 대해 경고하는 앨 고어** ⓒ2006 by Paramount Classics, a division of Paramount Pictures. All rights reserved

 아트리움은 왜 따뜻할까? ; **온실효과**

가 이 아   이 론

가이아GAIA는 그리스 신화에 등장하는 대지의 여신으로 로마 신화에서는 텔루스Tellus에 해당한다. 대지를 의인화하여 게Ge라고도 부르는데, 모든 것의 원초가 되는 신이다. 여러 신과 인간은 모두 가이아에게서 발생한 것이다. 그리스 시인 헤시오도스의 『신통기神統記』를 보면 가이아는 카오스Chaos의 뒤를 이어 태어났으며, 천공신天空神인 우라노스(Uranos, 하늘)를 낳고 남편으로 삼아 폰토스Pontos,(바다)와 산山, 신들의 일족인 티탄족, 외눈의 괴물 키클롭스Cyclops 3형제, 헤카톤케이레스Hekaton-cheires 3형제(百手巨人) 등을 낳았다. 우라노스가 자식들을 모두 유폐시켜버리자, 가이아는 티탄족 중 가장 어린 크로노스에게 다이아몬드 도끼를 주었다. 그러자 크로노스는 아버지인 우라노스의 생식기를 잘라버리고, 아버지의 지배권을 빼앗아 자기의 형제들을 모조리 대지의 깊은 곳에 있는 타르타로스에 유폐시켰다. 크로노스는 자신도 자기 자식에게 권력을 빼앗길 것이라는 예언을 듣고 아내인 레아가 낳은 아들을 모조리 삼켜버렸으나, 막내인 제우스만은 레아 덕분에 잘 성장했다.

이 신화에서 이름을 따온 '가이아 이론GAIA Theory'은 1978년 영국의 과학자 제임스 러브록James Lovelock이 『지구상의 생명을 보는 새로운 관점』이라는 저서에서 지구는 자기 조절 능력이 있는 거대한 생명체라고 정의한 데서 기인한 가설이다. 지구는 생물과 무생물(대기권·대양·토양)이 상호 작용하는 생명체로서, 이러한 상호 작용에 의해 조절되는 하나의 유기체라는 것이다.

이해를 돕기 위한 표현이고 실제는 태양에게 받은 열에너지를 공기가 더 붙잡고 있기 때문이다. 대기권의 가스들은 각각 태양 에너지의 반사율이 다르다. 특히 이산화탄소는 열에너지를 잘 반사하지 않고 욕심껏 가지려 한다. 그리곤 그 열을 고스란히 떠넘긴다. 그 결과 지구는 점점 더 더워지고, 기상 이변과 각종 재해가 발생하기에 이르렀다.

이에 따라 세계 각국은 각종 환경 회의와 협약을 통해 전 지구적인 온실가스 배출 억제책을 마련해 실행에 옮기고 있다. 지구 온난화에 대한 환경 대책이 건축에도 영향을 미쳐 여러 가지 조처가 마련되었다. 이러한 영향으로 인해 벽면 녹화가 주목받고 있다. 여름철 가열된 건축물 벽면은 실내 온도의 상승을 가져와 냉방에 대한 수요를 가중한다. 프레온가스 등 온실가스를 다량 배출할 것은 당연하다. 그런데 초록으로 벽면을 가리면 벽의 표면 온도를 떨어뜨려 그만큼 냉방비를 줄일 수 있다는 계산이다. 게다가 벽면 녹화는 주변 환경으로 열이 반사되는 것을 방지하는 효과도 있으니 일석이조가 아니겠는가. 우리가 아끼고 가꾸어야 할 보금자리 지구. 어쩌면 이 지구를 사랑하고 소중히 가꾸는 작은 시작은 지구 온난화를 줄이는 데 동참하는 일일 것이다.

　아트리움은 왜 따뜻할까? ; **온실효과**

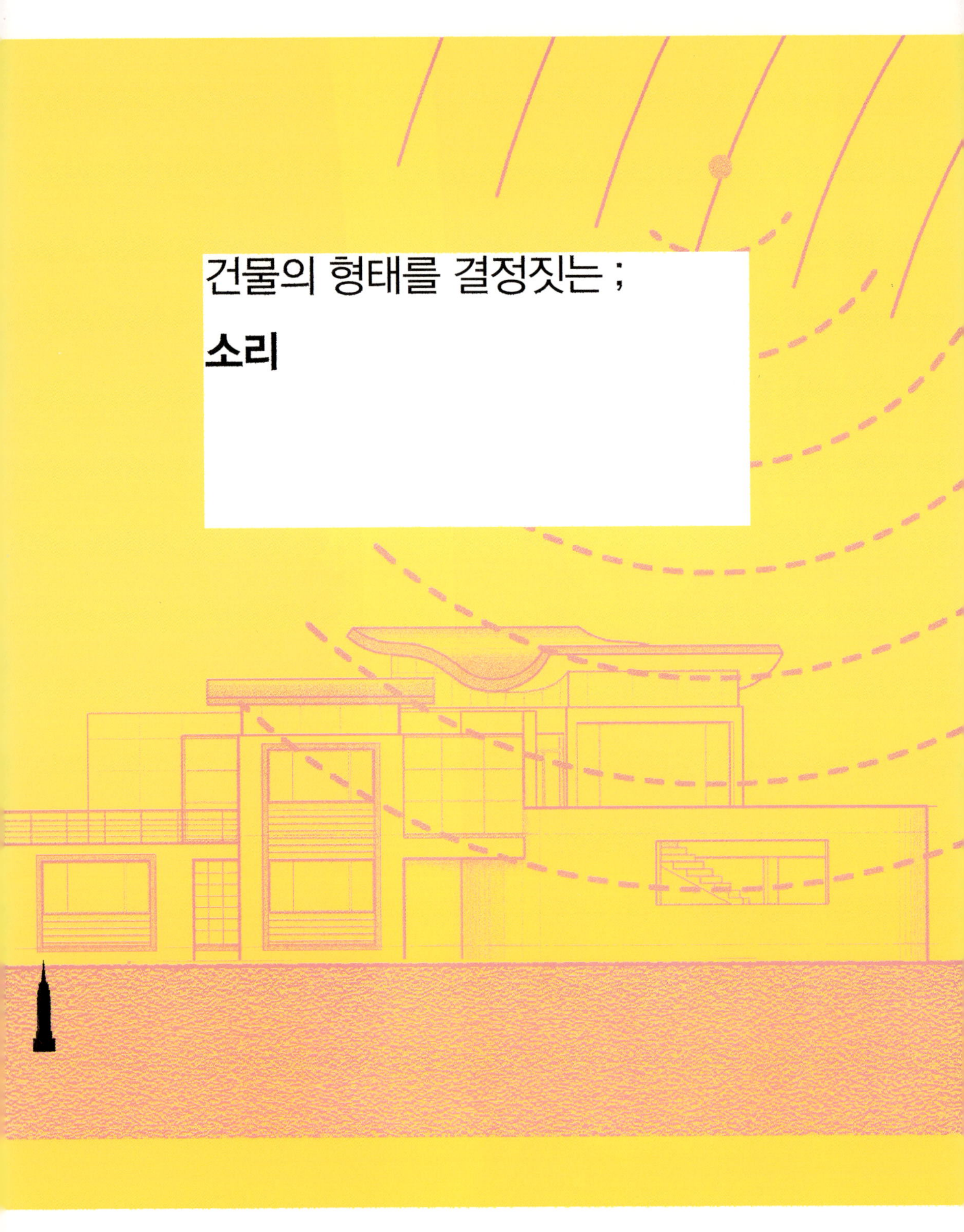
건물의 형태를 결정짓는 ;
소리

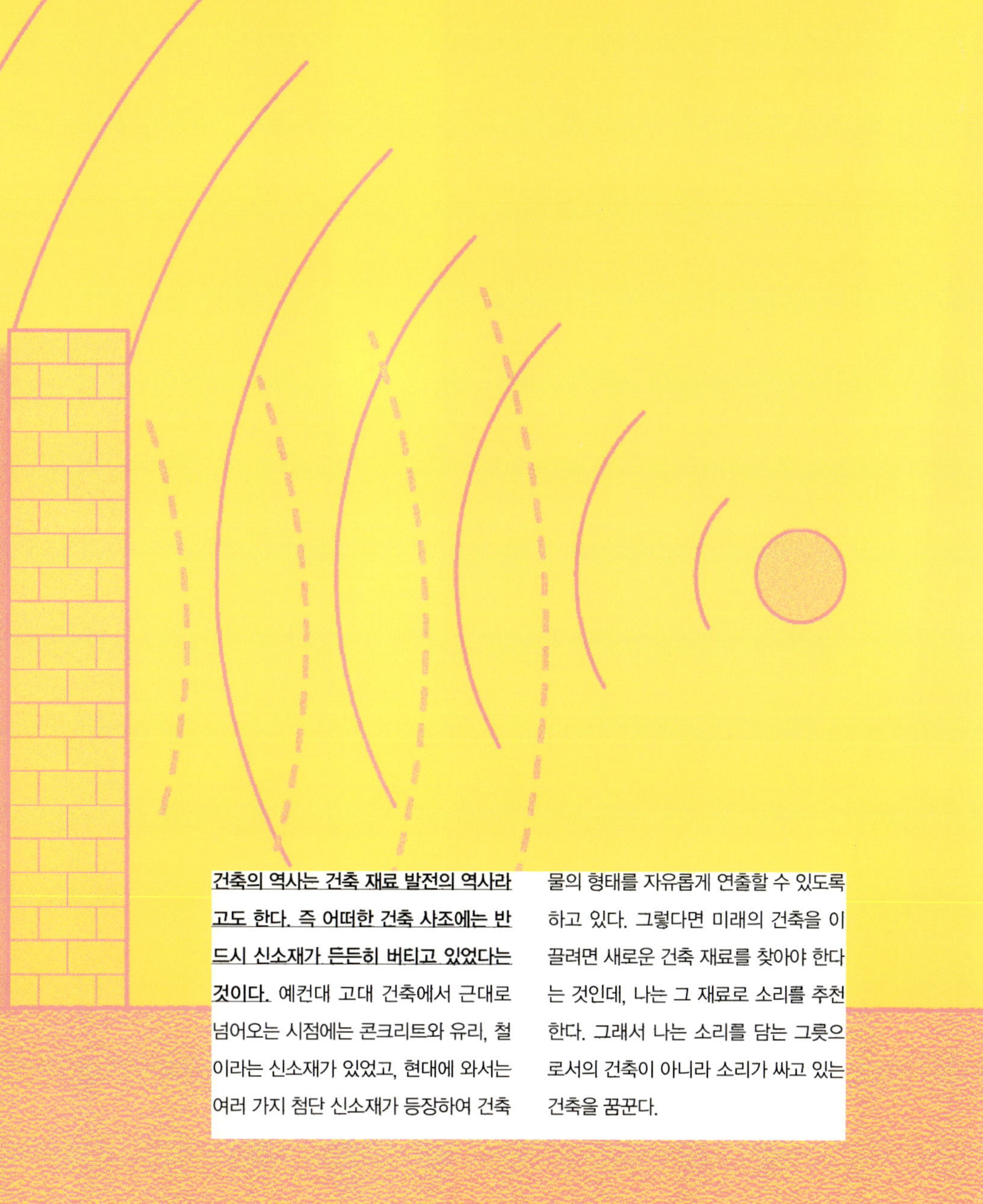

건축의 역사는 건축 재료 발전의 역사라고도 한다. 즉 어떠한 건축 사조에는 반드시 신소재가 든든히 버티고 있었다는 것이다. 예컨대 고대 건축에서 근대로 넘어오는 시점에는 콘크리트와 유리, 철이라는 신소재가 있었고, 현대에 와서는 여러 가지 첨단 신소재가 등장하여 건축물의 형태를 자유롭게 연출할 수 있도록 하고 있다. 그렇다면 미래의 건축을 이끌려면 새로운 건축 재료를 찾아야 한다는 것인데, 나는 그 재료로 소리를 추천한다. 그래서 나는 소리를 담는 그릇으로서의 건축이 아니라 소리가 싸고 있는 건축을 꿈꾼다.

뜬금없는 아이의 질문이 나를 당황케 한다. 아이의 끊임없는 질문에 귀찮은 듯 '소리는 보는 게 아니야. 듣는 거지' 라고 대답하려다 문득 아! 아니다 싶어서 아이에게 소리를 보여준다고 약속했다. 그리곤 욕조애 물을 받아 잔잔해진 수면에 퐁당 동전을 던져넣고는 "소리는 이렇게 생겼어"라고 했더니 "애이, 거짓말." 하고는 시큰둥하게 가버린다.

소리는 분자의 상하 진동이 매질을 통해 전달되는 파동 현상이다. 즉 파동이란 분자가 전달되는 것이 아니라 분자들이 아래위로 움직이는 떨림이 전달되는 에너지 체계(진동)이므로 질량은 없다. 또 에너지란 무엇인가? 에너지란 일을 할 수 있는 능력 그 자체를 의미하며, 특성상 모습을 바꿀 수 있을 뿐만 아니라 다른 장소로 옮길 수도 있는데, 소리는 에너지 전달시 반드시 심부름꾼을 필요로 한다. 이 심부름꾼을 매질이라고 하며, 고체·액체·기체가 그 역할을 수행하지만, 사람들은 오직 기체(공기)를 통해서만 소리를 들을 수 있다.

매 질 의 속 도

매질	속도(ms-1)	매질	속도(ms-1)
이산화탄소	220	물	1460
산소	320	바닷물	1520
공기	330	소나무	3320
헬륨	930	구리	3800
납	1230	알루마늄	5100
수소	1270	유리	5500
수은	1450	화강암	5950

고대 그리스 아테네의 원형 극장: 고대
사람들은 현대인들이 복잡한 연구와
실험을 통해 터득한 소리의 원리들을
이미 알고 있었던 듯하다. 그리스 원형
극장의 형태는 물결 파면을 연상시키
고 무대와 객석의 거리 또한 임계 거리
를 염두에 두고 디자인한 듯 보이니 말
이다

결론적으로 소리란 매질을 통한 분자의 진동인데, 이 진동은 소리의 속도를 좌우한다. 그렇다면 어떤 매질에서 속도가 가장 빠를까? 이해하기 쉽도록 예를 들어 설명해보자. 오늘 우리 집이 이사를 왔다. 어머니가 떡을 준비해 이웃집에 나눠주라고 하신다. 이웃집들이 가까우면 떡을 금방 돌릴 수 있을 것이나, 만약 이웃집들이 멀리 떨어져 있다면 그만큼 시간이 오래 걸릴 것이다. 소리도 마찬가지다. 분자의 움직임이라는 떡을 전달해야 하는데 분자라는 이웃집이 멀리 떨어져 있으면 그만큼 시간이 걸리는 것처럼 분자 간 거리가 가까운 고체에서 속도가 가장 빠르고 액체, 기체순이다.

소리를 보여준 나에게 아이는 거짓말이라고 하면서 다른 놀이에 집중하고 있다. 달리 이해시킬 수 있는 방법이 없을까 궁리하던 차에, 음 그럼……앨범을 꺼냈다.

"이건 뭘까?"

"아기 사진 같은데……."

"그래, 맞아. 엄마 뱃속에 있었을 때 찍은 네 사진이야. 그런데 이건 소리로 찍은 거다."

이번엔 아이가 당황한 눈치다.

"소리로 사진을 찍어요?"

"소리(초음파)는 빛이 없어도 엄마 뱃속을 볼 수 있거든."

"아! 그럼 소리에 보이지 않는 눈이 있는 거네요."

이번엔 조금은 믿게 된 것일지 모른다고 난 생각했다.

사람들은 보이지 않는 것에 대한 막연한 궁금증이 있다. 과학은 사람들의 궁금증을 종종 자연에서 구하려 한다. 자연은 인간의 과학으로 풀지 못하는 무한의 미스터리기 때문일 것이다. 소리를 보기 위한 노력도 마찬가지여

소리를 연구한
6명의 위대한 과학자들

　　시기적으로 가장 먼저 소리의 성질을 파악한 사람은 1500년대의 레오나르도 다 빈치로 소리의 파동 현상을 발견했다. 그러나 공헌도로 따진다면, 망원경을 발명한 것으로 유명한 갈릴레오Galileo Galilei, 1564~1642가 우리들이 소리를 이해할 수 있도록 하는 데 가장 큰 역할을 했다. 1600년대 초 갈릴레오는 조각칼로 놋쇠 접시에 홈을 파고 소리 실험을 한 결과 소리의 주파수(홈의 간격)가 소리의 높낮이pitch와 관련되어 있음을 증명했다. 이후 소리에 관한 과학적 실험치를 처음으로 제시한 사람은 '메르센 소수Mersenne prime'로 유명한 수학자 메르센 Marin Mersenne, 1588~1648으로 그는 1640년 공기에서 소리의 속도를 처음으로 측정했다. 1660년 보일Robert Boyle, 1627~1691은 밀폐된 유리병 속에 알람 시계를 매달아놓은 시험에서 진공 상태, 즉 매질이 없는 곳에서는 소리를 들을 수 없다는 사실을 증명했다. 그 즈음(1660년대) 뉴튼은 밀도 연구를 통해 소리와 속도의 관계성을 밝혔고, 1700년대 중반 베르누이Jean Bernoulli는 현이 1주파수 frequency 이상 떨 수 있는 것을 보여주었다.

1 소리의 성질을 가장 먼저 파악한 레오나르도 다 빈치
2 우리가 소리를 이해할 수 있도록 가장 큰 공헌을 한 갈릴레오
3 소리에 대한 과학적 실험치를 제시한 메르센
4 진공 상태에서는 소리를 들을 수 없음을 증명한 보일
5 소리와 속도의 관련성을 밝힌 뉴튼
6 현의 떨림을 연구한 베르누이

서 소리를 보기 위해 시력이 좋지 않은 생물체의 정확한 방향 인식을 연구했고, 결국 그 해답을 얻어냈다. 이처럼 생물들의 특수 기능을 인간 생활에 응용하는 학문을 '생체 모방 과학Biomimetics' 이라 부르는데, 아기의 초음파 촬영 기술 또한 생체 모방 과학의 산물이다.

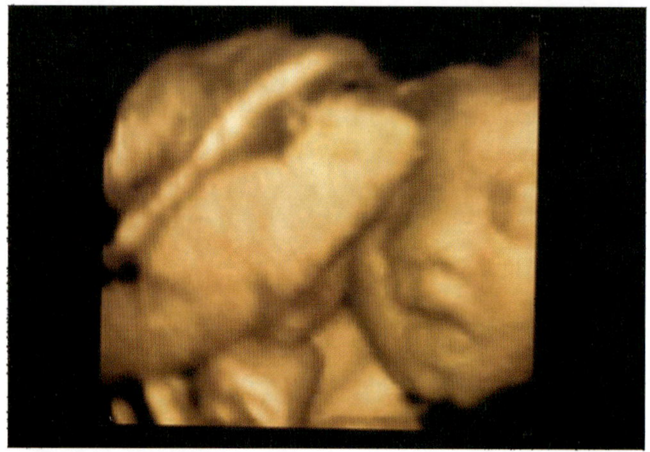

초음파 시각으로 공간을 인식하는 박쥐 ⓒ 토픽 포토 에이전시
태아의 초음파 사진

의사들은 어머니 뱃속에 있는 아기의 사진을 찍기 위해 초음파2만 헤르츠 이상의 진동수와 1.7센티미터 이상의 짧은 파장을 가진 음파를 사용한다. 초음파는 아주 짧은 파장을 갖고 있어 우리 귀로는 들을 수 없으나, 초음파의 파동은 어머니의 몸 속(공간)을 뚫고 들어가 아기의 몸에 부딪혀 튀어나와(echo) 우리에게 영상을 제공한다. 초음파로 공간을 인식하는 원천 기술은 박쥐가 소유하고 있다. 박쥐는 찍찍거리는 소리가 메아리(反響)가 되돌아오는 시간을 근거로 소리를 반사한 물체가 얼마나 멀리 떨어져 있는지 알아낼 수 있는 초음파 시각을 가지고 있다. 이 과정을 반향 정위反響定位echolocation 라 하는데, 반향

정위는 물체의 거리를 알려줄 뿐만 아니라 물체의 크기와 모양을 알 수 있게 해준다. 이와 같은 원리를 이용한 것에는 아기의 초음파 사진 촬영 기술 외에도 레이더radar(Radio Detecting and Ranging)나 음파탐지기sonar 같은 초음파 진단 장치들이 있다.

만약 사람이 들을 수 있는 것만 소리라고 정의하는 데 호응하는 사람이라면 초음파에 의한 공간 인식은 차원이 다르다고 주장할지도 모르겠다. 그렇다면 좀더 친숙한 예로 우리가 수박을 고를 때 수박을 통통 두드린다거나 의사가 청진기를 통해 진단을 내리는 것은 어떠한가? 이보다 더 소리의 가시적 역량을 자명하게 설명할 수 있는 방법이 있을 성싶지 않다.

장황한 설명은 그만하고 이제는 직접적으로 소리 모양에 관해서 이야기해보자.

소리는 구형球形을 형성한다. 그런데 이는 장애물이 없는 상태의 형상이다. 자유 음장에서는 동심원을 그리며 퍼져나가지만, 공간에 갇힌 소리는 그 공간의 형태에 따라 부딪히고, 경로가 바뀌면서 여러 가지 음장의 특이 현상을 일으킨다. 이는 축구 경기를 상상해보면 쉽게 이해가 갈 것이다. 혼자서 공을 차면 원하는 방향으로 공을 자유롭게 보낼 수 있지만 축구 경기가 시작되면 다른 팀 선수들(벽) 때문에 공(음파)이 이리저리 튕겨 다닌다. 물론 소리와 축구공은 똑같지 않다. 소리는 물체가 진행 방향을 가로막고 있다고 해도 그 물체의 후면으로도 전달되기 때문이다. 이 같은 현상을 회절Diffraction이라 부른다. 회절은 주파수에 따라 다르며 고주파일수록 직진성이 강하기 때문에 낮은 주파수의 음일수록 회절이 잘된다. 좀더 쉽게 이해하려면 100미터 달리기를 연상해보라. 빠르게 달릴 때 친구들은 자신의 의지대로 쉽게 전진 방향을 바꿀 수 있었는가? 대답은 당연히 아니었을 것이다. 소리도 마찬가지다. 고주파일 때는 앞으로만 내달리기 때문에 벽에 부딪히면 튕겨질

뿐 소리 전달이 어렵다.

　다시 이야기를 경기장으로 옮기자. 모든 선수들의 목표는 골인이다. 선수들은 항상 공을 골대로 몰아가려고 하는데, 소리도 마찬가지여서 소리를 담는 그릇(건축물)의 형태에 따라 소리를 한 곳에 모으려고 하는 성질(집점 현상$^{Sounds focus}$)이 있는가 하면, 이 때문에 다른 곳에서는 음이 잘 들리지 않는(음의 사점$^{Dead spot}$) 빛과 그림자 같은 현상이 생기므로 건물의 형태와 소리는 불가분의 관계라고 할 수 있다. 이러한 공간에 놓이면 특정 위치에서만 소리가 잘 들리고 다른 위치에서는 소리를 잘 들을 수 없어 소리가 필요 없는 명상의 공간이라면 모를까 일반적으로는 쓸모없는 공간이 되어버리고 말 수도 있다.

　보통 음악 전문 공연장에 가면 천장에서 하나의 판, 혹은 여러 조각의 판들을 볼 수 있다. 이는 음원(무대)의 직접적인 소리는 임계 거리$^{critical distance}$

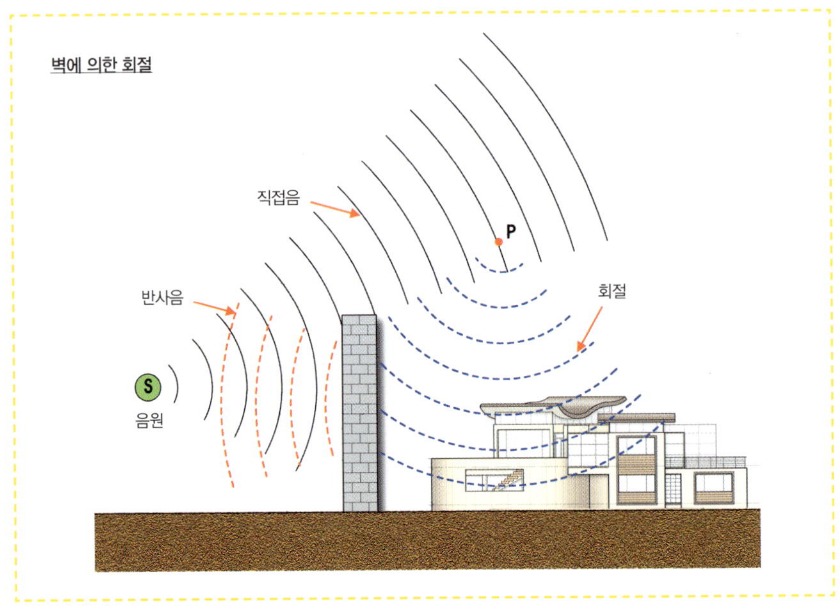

축구 경기와 음장의 특이 현상은 유사점이 많다. 자유 음장을 연상시키는 경기장
여러 장애물이 부딪혀 튕겨나가는 소리를 연상시키는 경기장

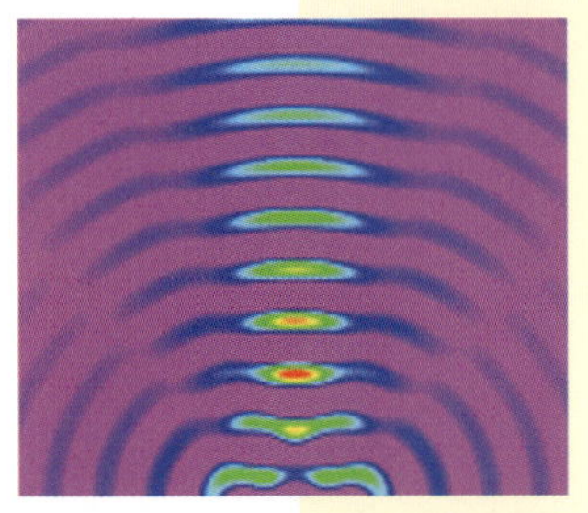

음장

플러터-에코

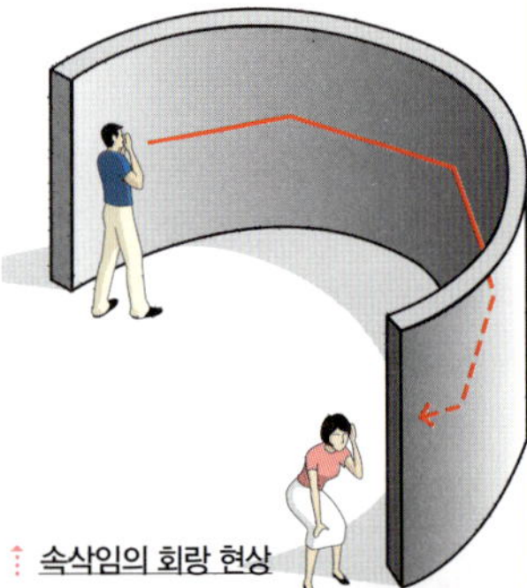

속삭임의 회랑 현상

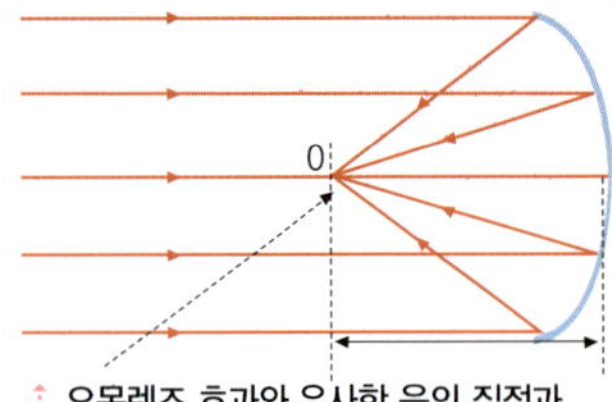

중국 천단의 회음벽

오목렌즈 효과와 유사한 음의 집점과
사점: 점 0에 집점됨

반향Echo(메아리): 직접음이 물체면에서 반사하여 약 0.05초 후에 들리는 1회 반사음으로, 음색까지 변하면서 여러 차례 음의 반사가 반복되거나, 반사각이 달라지면서 다중 반향 반사음을 발생하는 잔향reverberation과 구분된다. 반향이 심한 공간에서는 직접음과 반사음이 섞여서 말을 정확하게 알아들을 수 없는데, 이러한 현상을 없애기 위해서는 음원과 반사면의 거리를 5~8.5미터 이하로 하거나 반사면에 흡음재를 설치해야 한다.

플러터-에코 Flutter-Echo: 공간 안에서 특정 주파수의 소리(200~9헤르츠)가 남아 '웅웅' 하고 다중 반사하여 울리는 현상이다. 사각형이나 벽이 가깝게 마주보는 형태의 건물 실내에서 소리가 벽에 부딪혀 교류하며 플러터-에코가 발생할 가능성이 높다. 이를 방지하기 위해서는 벽면을 5~10도 경사지게 하거나 소리의 파장과 유사한 요철로 처리하면 대처가 가능하다.

속삭임의 회랑 Whispering gallery: 속삭이는 소리(고주파)는 마치 구심력이 작용하듯 딱딱한 벽면을 따라 멀리까지(60미터 정도) 흐르는데, 이를 속삭임의 회랑 현상이라 한다. 중국 천단의 회음벽回音壁과 영국 찰스 왕자의 결혼식장으로 유명한 성 바오로 성당St. Paul Cathedral의 돔Dome 회랑이 이 현상으로 유명한 건물이다.

음의 집점과 사점: 음의 집점은 마치 오목렌즈에 대한 빛의 반사 현상과도 유사한데, 빛이 한 초점에 모이듯 건물 내부 한 지점에 음압이 집중되는 현상을 의미한다. 그런데 음이 집점하는 곳 주위에는 음이 잘 들리지 않는 음의 사점이 생긴다.

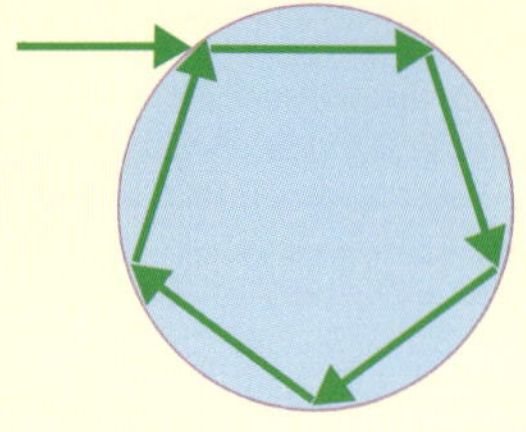

성 바오로 성당의 돔. 속삭임의 회랑 현상(좌측)과 앙시도(우측)

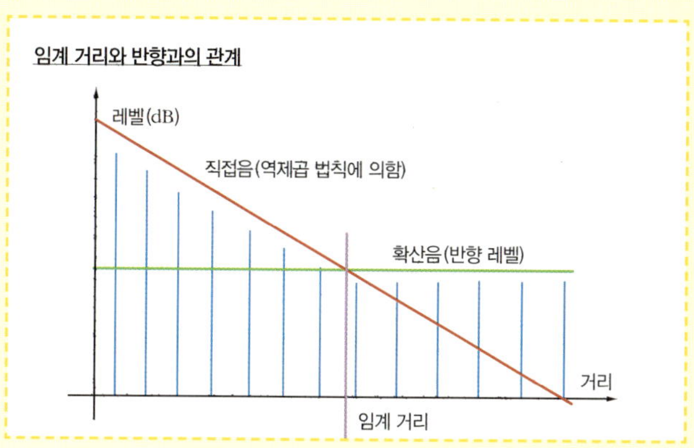

임계 거리란 직접음이 도달할 수 있는 한계 거리를 의미하며, 임계 거리는 방의 특성뿐 아니라 음원의 특성에도 관계가 있다. 예컨대 반향이 심한 방은 임계 거리를 짧게 하며, 잔향이 없는 방은 임계 거리를 길게 만들고, 확성기의 유효 가청 범위beam가 좁을수록 임계 거리를 길게 만들기도 한다.

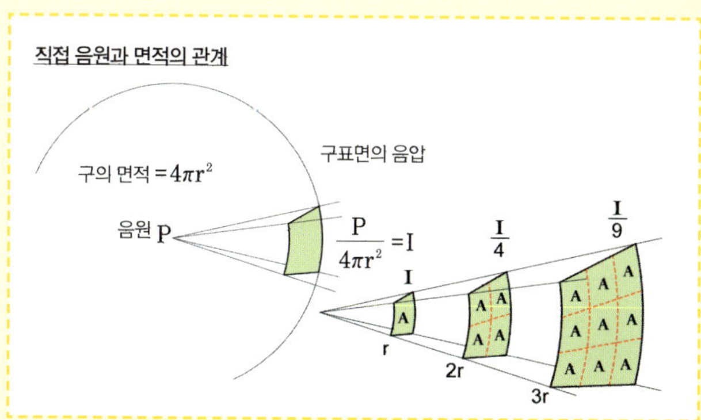

또한 직접 음원은 역자승 법칙inverse square law으로 감소하는데, 소리에서 역자승 법칙이란 직접 음원에서 거리가 두 배로 멀어지면 음원은 퍼져서 면적은 네 배로 늘어나나 음압은 반대로 약해져서 4분의 1배로 약해진다는 것이다.

이렇게 음압이 감소하면서 특히 낮은 음역대의 손실 현상the bass loss problem도 함께 발생하기 때문에 음원에서 멀수록 저음은 더욱 듣기 힘든 것이다.

내에서만 들을 수 있고 그 이상의 거리에서 들리는 소리는 대부분이 반향이기 때문에 뒤에 있는 청중들에게 소리를 고루 잘 전달하기 위해 천장에 반사판을 설치한 것이다. 이러한 판들이 음의 집점을 막아 소리를 여러 곳에 고루 분포시키기 위한 장치인 것으로 음악홀의 핵심이라 할 수 있는 부분이다. 이때 반사판은 딱딱하고 평평할수록 소리가 잘 반사되고, 부드럽고 울퉁불퉁할수록 잘 반사되지 않으며, 반사면이 안으로 오목한 형태면 음의 집점 현상이 발생하므로 대부분의 반사판은 평평하거나 불룩한 형태로 디자인한다.

소리 때문에 공간이 쓸모있게도 쓸모없게도 된다고? 꼭 뭐든지 확인해야 속이 후련한 독자를 위해 유명한 건물 하나를 소개해보려고 한다.

핀란드 키르크코누미^{Kirkkonummi} 태생의 미국 건축가 에로 사리낸^{Eero saarinen, 1910~1961}의 MIT 대학 크레이스지^{Kresge} 채플은 빛을 소재로 한 건축물로서 천창에서 제단祭壇으로 유입되는 신비한 빛의 연출로 잘 알려진 건물이다. 나 또한 그 정도로만 건물을 이해하고 있던 차에 몇 해 전 기회가 있어 이 건물에 직접 들어가보곤 궁금증에 휩싸였던 기억이 있다. 왜일까? 이 건물은 1955년에 모더니즘에 입각해 지은 것인데, 건축에서 모더니즘은 less is more 혹은 simple is the best, 즉 장식을 배제하고 극단적 단순함과 경제 논리에 의한 디자인을 추구한다. 그런데 이 건물은 모더니즘에 입각한 건물임에도 불구하고 왜 벽을 이중으로 하여 내부의 불필요(?)한 파면을 디자인한 것일까? 이는 단순함을 추구하는 당시의 디자인 성향에 부합하지 않기 때문에 나의 궁금증은 더했다.

나는 내부가 말끔히 둥근 예배당을 상상한다. 130여 석의 작은 예배당은 사람들로 가득 차 있다. 입구 맞은편에 쏟아지듯 내리는 빛을 받아내는 제단에서 목사님이 하나님의 말씀을 옮기고 있다. 그러나 그 생명의 말씀은

크레이스지 채플의 파면을 형성하고 있는 내부 벽

미국의 건축가 에로 사리넨

크레이스지 채플의 평면도

신비한 빛의 연출로 유명한 MIT 대학의 크레이스지 채플 전경

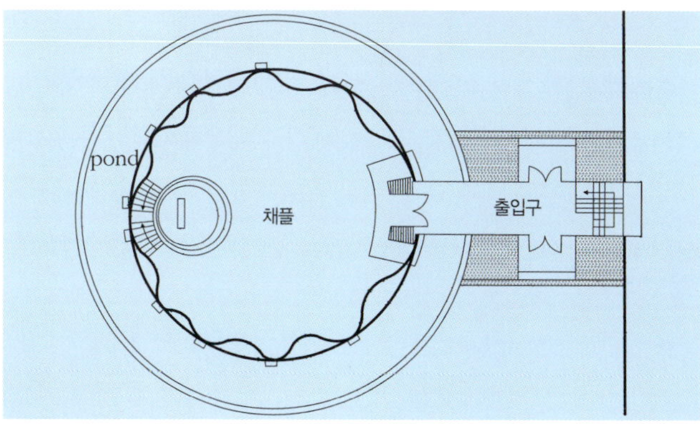

공 연 장 의 의 자 가 유 난 히 푹 신 한 이 유

1898년 10월 29일은 건축음향학이 시작된 날이다. 이날은 미국의 물리학자인 사빈Wallace Clement Sabine, 1868~1919이 잔향 시간을 연구하기 위하여 소리의 흡수 효과를 조사하고자 하버드 대학의 포그 강당Fogg Art Museum에서 실험한 날이기 때문이다. 그는 포그 강당의 잔향 시간이 너무 길어 강연에는 부적합하다고 판단, 흡음재를 설치하여 문제 해결을 시도했다. 또한 잔향 시간 측정 장치를 개발하고, 직접 음원이 진동을 멈춘 순간부터 음이 들리지 않게 된 순간까지를 잔향 시간이라 정의했는데, 이는 소리 에너지가 직접음의 100만분의 1이 되기까지의 시간에 해당한다. 그는 1900년 「건축음향학 Architectural Acoustics」이라는 건축 음향에 관한 최초의 논문을 통해 그의 생각을 세상에 알렸다.

$$T\,(\text{잔향 시간}) = 0.161V\,(\text{실의 체적, m}^3) / A\,(\text{흡음 면적, m}^2)$$

잔향 시간은 건물의 사용 목적에 따라 다른데, 음악을 주로 공연하는 공간일 경우 잔향 시간은 1.5~2.5초, 강연을 목적으로 하는 공간일 경우는 1~1.5초를 유지하고 있다. 이 잔향 시간은 건물 자체뿐 아니라 사람들의 흡음력도 변수로 작용하기 때문에 사용 공간의 적정 인원수를 기준으로 잔향 시간을 계산한다. 그러나 사람들이 언제나 이 적정 수준을 유지하는 것은 아니어서 만약 사람들이 공간에 차지 않을 경우 흡음을 대체할 만한 무언가가 필요하며, 이 역할을 수행하는 것이 바로 의자다. 그래서 공연장의 의자는 유난히 푹신한 것이다.

↑ 미국의 물리학자 사빈
↓ 흡음을 위해 유난히 푹신한 공연장 의자

오직 한 사람만을 위한 것이었다. 출입문 조금 앞에 앉아 있는 한 사람. 물론 극단적인 상상일 수는 있지만 만약 이 건물이 원형이었다면 음의 집점으로 하나님의 은혜가 골고루 퍼져나가지 못했을 것이리라. 그렇게 나는 그 문제를 소리에서 찾아냈다. 설계자는 아마도 의식적이든 무의식적이든 음의 집점을 고려하여 내부에 파면을 디자인했을 것이라고.

건축의 역사는 건축 재료 발전의 역사라고도 한다. 즉 어떠한 건축 사조에는 반드시 신소재가 든든히 버티고 있다는 것이다. 예컨대 고대 건축에서 근대로 넘어오는 시점에는 콘크리트와 유리, 철이라는 신소재가 있었고, 현대에 와서는 여러 가지 첨단 신소재가 등장하여 건축물의 형태를 자유롭게 연출할 수 있다. 그렇다면 미래의 건축을 이끌려면 새로운 건축 재료를 찾아야 한다는 것인데, 나는 그 재료로 소리를 추천한다. 그래서 나는 소리를 담는 그릇으로서의 건축이 아니라 소리가 싸고 있는 건축을 꿈꾼다.

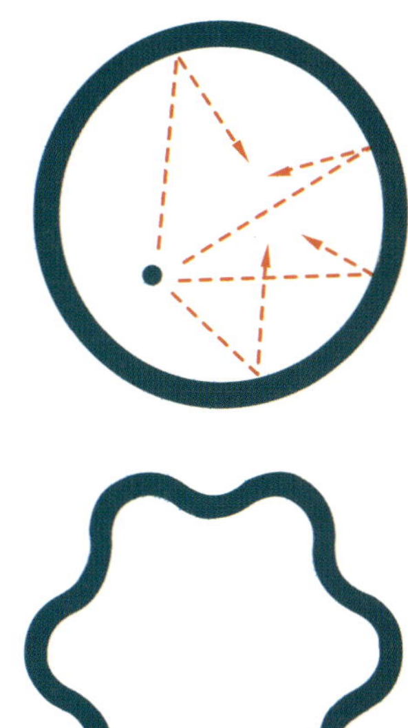

음의 집점 문제
음의 집점 현상 해결

온고지신 ;

캔틸레버

천재 갈릴레오 역시 온고지신의 미덕을 깨닫지 못하고 실패에 직면한다. 때는 16세기, 그는 당시 움직이지 않는 물체에 작용하는 힘(靜力學)을 연구하는 수학자들에게 경종을 울릴 만한 새로운 개념을 제안한다. 1638년 『대화』를 통해 구조 부재들이 어떻게 힘을 전달하는지에만 초점을 맞추어 정역학을 연구하는 수학자들에게 연구의 시각을 물질 materials 자체로 돌릴 것을 권고하는 새로운 과학적 개념을 제시한 것이다. 이 개념은 오늘날까지도 건축 구조에서 중요한 개념으로 자리잡았는데, 문제는 중대한 개념적 오류가 포함되어 있다는 것이다. 만약 그의 개념적 오류가 정정되지 않았다면 마천루摩天樓는 구경할 수조차 없었을 것이다.

"실패라니요? 난 지금껏 단 한 번도 실패해본 적이 없습니다. 난 단지 성공할 수 없었던 1,999번의 원인을 발견했을 뿐입니다."

이는 2,000번의 실험 끝에 전구를 발명한 에디슨^{Thomas Alva Edison, 1847~1931}이 수없는 실패를 거듭해온 기분을 묻는 젊은 기자에게 한 말이다.

인간은 누구나 실패한다. 천재라 불리는 사람들도 예외일 수 없다. 그럼에도 인간이 만물의 영장으로 군림할 수 있는 이유는 자신, 혹은 타인이 실패한 원인이 무엇인지 찾고, 그 속에서 성공의 열쇠를 발견하려는 데 있을 것이다. 직면한 문제를 해결하려는 노력과 실패 속에서 새로운 사실을 인식하고, 후대는 이를 기반으로 실험하여 문제점이나 오류를 발견함으로써 더 좋은 방법을 제안하는 과정이 바로 역사요 전통인 셈이다.

현대 7대 불가사의이자 당시 동로마제국의 교회 권력을 상징하던 하기아 소피아 성당이나 파리에 있는 보베^{beauvais} 고딕 성당(1247~1272)^{11세기는 바벨탑을 지향하는 사제들과 도시들 간의 각축이 전개되기 시작한 시기로, 둥근 아치 천장vault 모양을 통해 높이 경쟁을 했다. 노트르담 사원의 궁륭 높이는 34.8미터, 사르트르 대성당은 37.5미터, 랑스와 아미앵 성당은 42.1미터에 이른다. 이에 질세라 보베 성당은 이보다 5.1미터를 높게 지으려다 기술력 부족으로 두 번이나 무너져내렸다}의 실패를 기억해보라. 이전의 과오를 거울 삼을 줄 아는 기술자들이 있었기에 지금까지 그 아름다움과 위용을 과시할 수 있는 것이 아닌가!

"지금 있는 것은 무엇이든지 이미 오래전에 생긴 것이다.

인생이 무엇이라는 것도 이미 알려진 것이다 ."-전도서 6: 10

이렇듯 실패란 새로운 문제를 해결하는 과정에서 필연적이다. 하지만 직면한 문제가 반드시 새로운 것일까? 어쩌면 선배들이 한 번쯤 같은 문제로 고민했거나 심지어 그 답을 이미 제시하고 역사의 뒤안 길로 사라졌을지도 모를 일이다. 문제에만 집중해 역사를 짚어보는 일을 게을리 하거나 자신이 고민하는 문제와 연관짓지 못하고 지나치는 경우도 있을 것이다. 옛것을 통해 새로운 것을 배운다는 온고지신溫故知新이야말로 바로 이런 경우에 필요할 듯싶다.

천재 갈릴레오 역시 온고지신의 미덕을 깨닫지 못하고 실패에 직면한다. 때는 16세기, 그는 당시 움직이지 않는 물체에 작용하는 힘(靜力學)을 연구하던 수학자들에게 경종을 울릴 만한 새로운 개념을 제안한다. 1638년『대화』를 통해 구조 부재들이 어떻게 힘을 전달하는지에만 초점을 맞추어 정역학을 연구하던 수학자들에게 연구의 시각을 물질^{materials} 자체로 돌릴 것을 권고하는 새로운 과학적 개념을 제시한 것이다. 이 개념은 오늘날까지도 건축 구조에서 중요한 개념으로 자리잡았는데, 문제는 중대한 개념적 오류가 포함되어 있다는 것이다. 만약 그의 개념적 오류가 정정되지 않았다면 마천루摩天樓는 구경할 수조차 없었을 것이다.

다 빈치 '밧줄을 사용한 캔틸레버 보 저항력 측량 장치', 필사본 M, 프랑스 파리 연구소 소장, c. 81r
이 캔틸레버 보의 도해는 보가 길어질수록 그 길이의 제곱만큼 파괴 하중이 증가한다는 갈릴레오의 발견을 설명하고 있다

자연계의 식물이나 동물은 모두 뼈대를 지니고 있으며 이로써 외력을 견딘다. 나무는 가지로써 형태를 유지하고, 동물들은 뼈가 있어 내부 장기를 보호할 공간을 만든다. 건물도 마찬가지다. 기둥 · 보 · 바닥의 기본적인 뼈대가 필요하다. 이중 건물을 떠받치는 보(梁)가 가장 중요한

화 무 십 일 홍

터키의 하기아 소피아 성당

터키의 이스탄불에 있는 하기아 소피아 Hagia Sophia(신성한 지혜 Church of Holy Wisdom) 성당은 532~537년 유스티니아누스 황제 때 완공된 것으로 현존하는 최고 最古의 교회다. 규모에서도 로마의 성 베드로 대성당, 런던의 성 바오로 성당, 밀라노 두오모 성당 다음이다.

이 건물을 보면 한번 성하면 반드시 쇠퇴할 날이 있다는 화무십일홍 花無十日紅이란 옛말이 어찌 그렇게 잘 들어맞을까 하고 절로 생각하게 된다.

313년 '밀라노 칙령'으로 기독교를 공인한 콘스탄티누스 황제는 수많은 신전이 버티며 우상 숭배의 전통이 뿌리 깊은 로마에서는 기독교가 올바르게 정착할 수 없다고 판단했다. 325년 '새 술은 새 부대에'라는 심정으로 그는 수도를 콘스탄티노플로 옮겨 동로마제국을 건설했다. 교회와 정치가 독립적이었던 서로마와 달리, 교회가 정치 권력에 속했던 동로마제국은 1453년 오토만제국의 술탄 메메트 2세에게 함락되기 전까지 번성을 누렸다. 메메트 2세, 즉 무하마드 2세는 교회의 네 모서리에 뾰족 첨탑(미나렛 minaret, 아랍어로는 '등대 manara'를 의미함)을 설치해 이슬람 사원으로 사용했고, 터키식 이름인 아야소피아 Aya sofya라고 불렀다. 아야소피아는 '거룩한 하나님의 지혜 Church of the Holy Wisdom of God' 라는 그리스어 $Na\varsigma$ $\tau\eta\varsigma$ $A\nu\iota\alpha\varsigma$ $\tau o\upsilon$ $\theta\varepsilon o\upsilon$ $\Sigma o\varphi\iota\alpha\varsigma$를 축약한 것으로, 1935년 이후 박물관으로 사용되고 있다.

유스티니아누스 황제는 헌당식에서 "내가 이토록 위대한 사업을 이룩할 만하다고 여기신 하나님께 영광이 있기를! 솔로몬 왕이여, 내가 당신을 이겼구려!"라고 감격에 찬 기도를 드렸다. 교회의 상징에서 회교 사원으로, 그리고 현재는 박물관으로 사용되는 하기아 소피아. 교회 성전으로서는 10일 동안 붉은 꽃의 짧은 운명이었지만, 그럼에도 건축가 안테미우스 Anthemius와 수학자 이시도루스 Isidorus가 이룩한 비잔틴 건축의 최고임에는 어느 누구도 부인할 수 없다.

건 축 구 조 의 개 념 과 용 어

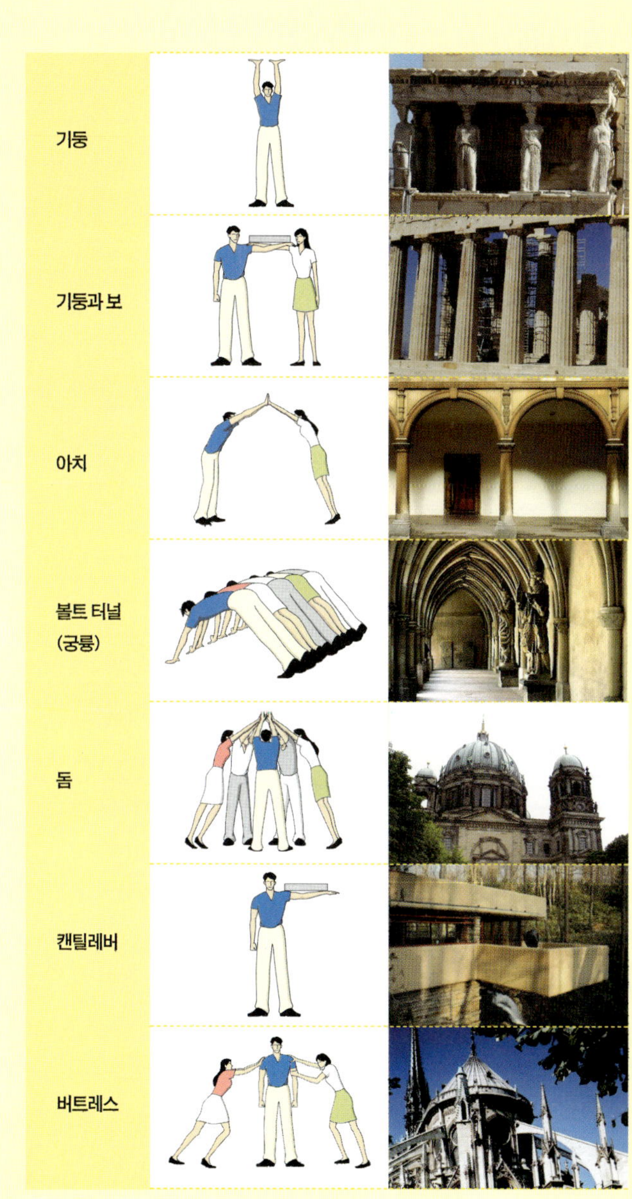

온고지신 ; **캔틸레버**

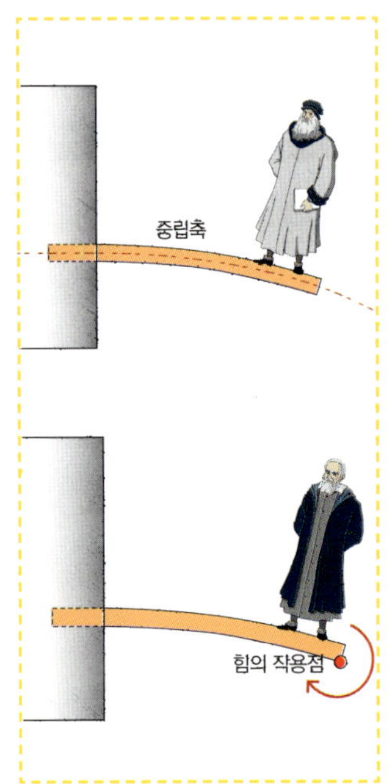

레오나르도와 갈릴레오의 보에 대한 견해

보를 이해하면서 중립축의 존재를 가정
한 레오나르도 다 빈치
보에 작용하는 힘을 잘못 이해한 갈릴레오

데, 그 정도가 얼마나 대단하면 한 나라의 살림을 도맡는 사람을 동량棟梁이라 했겠는가.

갈릴레오 역시 보의 중요성을 인식해『대화』를 통하여 삽화와 함께 보의 작용을 설명하고 있다. 보의 길이가 길어질수록 외부의 힘에 견디는 힘(응력)이 약해지는 이유는 보의 하단 끝에 회전하려는 하중이 작용하기 때문이라고 생각했다. 이 책에 수록된 스케치는 캔틸레버(혹은 외팔보라고 부르는데, 한 끝은 고정되어 있고 다른 한 끝은 자유로운 형태의 '보'다. 발코니나 다이빙대를 연상하면 이해가 쉽다)라 부르는 건축 구조에서 가장 기본적인 구조재다.

그러나 이탈리아의 내로라 하는 수학자·천문학자·물리학자이자 근대 과학의 발전에 큰 공헌을 한 갈릴레오였지만, 진자의 등시성에서 실수했듯 보를 이해하는 것에도 허점을 보였다. 사실 갈릴레오보다 1세기 이전의 레오나르도Leonardo da vinci, 1452~1519는 이미 보에 작용하는 힘에 관한 정확한 답을 스케치로 남겼다. 그렇다면 친구들은 도대체 갈릴레오가 무엇을 잘못 이해하고 있었는지 궁금증이 동할 것이다. 비교컨대 갈릴레오는 보가 길수록 하중에 약한 이유는 보 아랫면 끝단에 회전하려는 하중이 작용하기 때문이라고 생각한 반면, 레오나르도는 보의 윗면과 아랫면의 중간에 어떠한 축(중립축)이 존재하고 이 축을 중심으로 회전하려는 힘이 작용하기 때문이라고 생각했다. 이 간단한 설명으로는 그 차이점에 대해 쉽게 이해할 수 없다면 측면 그림을 살펴보라. 어찌되었든 레오나르도의 생각은 '왜 건물이 움직이는가?' 혹은 역으로 '어떻게 건물은 바로 설 수 있는가?' 같은 구조물의 물리학적 개념의 근간이 되었다. 이를 바탕으로 로

〔 대 화 〕

『두 가지 새로운 과학의 대화 Dialogues Concerning Two new Sciences』는 갈릴레오Galilei Galileo, 1564~1642의 마지막 책으로 1629년 11월에 집필이 완료되었음에도 불구하고 1638년에서야 비로소 암스테르담에서 비밀리에 출판되었다. 흔히 『대화』라고 알려진 이 책은 '지동설' 유포 죄로 종교 재판에 회부되었다가 자신의 말을 철회하는 반성문으로 방면된 갈릴레오가 자신의 집에 유배되어 외부인의 접촉을 제한받던 시기에 집필한 것이다. 30년간의 물리학적 업적이 집대성된 갈릴레오의 과학적 유언장 같은 책이다.

↑ 갈릴레오의 마지막 책 『대화』의 표지

제목에서 알 수 있듯 이 책은 4일간에 걸쳐 세 명의 등장 인물들이 각기 다른 주제로 대화하는 형식을 취하며 그 과정에서 자신들의 과학적 견해를 피력한다. 이들의 이름은 각각 심플리치오Simplicio, 사그레도 Sagredo, 살비아티Salviati로 모두 실존 인물이었다. 이중 심플리치오는 아리스토텔레스의 작업에 주해註解를 다는 일에 참여한 인물이었고 나머지 두 사람은 갈릴레오의 절친한 친구들의 이름을 딴 것이다. 여기서 살비아티는 지동설의 주창자 코페르니쿠스Nicolaus Copernicus, 1473~1543, 즉 갈릴레오 자신을 대변하며, 그의 제자격인 심플리치오(이 이름에는 바보를 뜻하는 영어 simpleton을 함의하며, 그의 주장을 따르는 자는 얼간이란 뜻을 내비치고 있다)는 천동설의 주장자 프톨레마이오스Klaudios Ptolemaeos를 대변한다. 이 두 인물이 『대화』의 주인공이며, 사그레도는 중립을 지키는 논평자로 등장한다.

이 책에서 갈릴레오는 '재료(구조)의 힘Strength of Materials'과 '구조물의 움직임motion of objects'이라는 새로운 두 가지 과학 접근법이야말로 정역학에서 올바른 해답을 가져올 수 있는 단초임을 역설한다(건물을 이루는 구조재는 보통 기둥·바닥·보지만 여기서 다루는 구조 재료는 보beam를 일컫는다). 즉 정역학의 열쇠는 구조재 material 자체에 있다는 것인데, 하나의 커다란 구조물을 이루는 작은 구조재들beams이 올바르게 해석되고 이들이 균등하게 배치되어 고른 하중을 받는다면 안정된 구조물을 얻을 수 있다는 것이다. 또한 거대 구조물을 이루는 각각의 보들은 크기와 형태에 따라 하중의 운반 능력에 영향을 미치며, 보의 길이가 길어지면 길어질수록 외부의 힘에 견디는 힘(응력)이 약해지고, 보의 길이가 증가하면 두께와 너바를 함께 증가시켜야만 안정된 구조물을 얻는다는 내용을 담고 있다.

건물은 얼마나 움직일까?

지진이나 바람은 건물을 움직이는 중요한 요소로, 인장tension · 압축Compression · 전단shearing · 휨bending · 뒤틀림torsion이라는 형태로 건물을 변형시키려 한다. 강한 바람이 건물벽에 부딪히면 건물은 마치 다이빙대처럼 휘어지고 만다. 영국의 물리학자 로버트 훅Robert Hooke, 1635~1703은 레오나르도의 보 개념을 바탕으로 1678년 고체 역학(정역학)의 기본 법칙인 '훅의 법칙Hooke's law'을 수학적으로 정립했다. 그의 이론을 개념적으로 살피면, 고체에 힘을 가해 변형시키는 경우 힘이 일정 크기를 넘지 않는 한 변형의 양은 힘의 크기에 비례한다는 것이다. 이 법칙 덕분에 건물이 외부의 여러 힘에 맞서 꼿꼿하게 설 수 있게 되었다. 그가 제시한 수학 공식은 다음과 같다.

$$F = k\,x$$

F : 지진이나 바람 등 건물을 미는 힘에 대해 원래의 크기로 되돌아가게 하려는, 즉 가해지는 힘과 크기가 같고 방향이 반대인 복원력

x : 건물이 밀린 양

k : 상수(k의 값은 구조체의 종류뿐만 아니라 크기나 모양에도 관계된다)

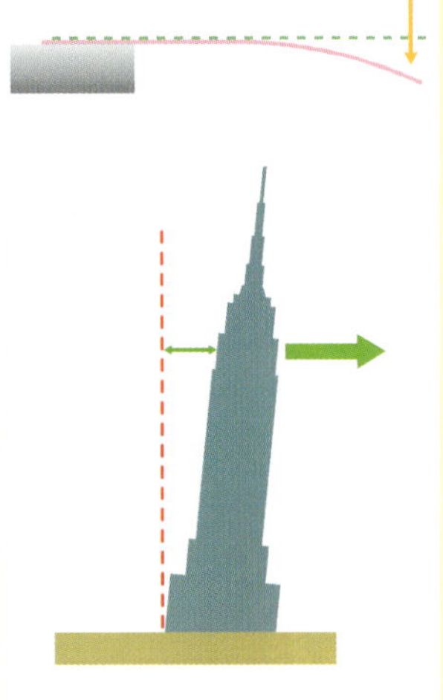

영국의 물리학자 로버트 훅
다이빙대를 통한 훅의 법칙의 이해
건물의 흔들림(수직)은 다이빙대의 흔들림(수평) 원리와 같다.

버트 훅은 '훅의 법칙'을 수학적으로 정립해 현대의 바벨탑 경쟁을 가능케 했다.

그렇다고 아인슈타인까지 '근대 물리학의 아버지^{Galileo is the father of modern physics -- indeed of modern science}'라고 극찬했던 갈릴레오의 업적을 폄하하자는 것은 결코 아니다. 과학의 기본이 되는 '뉴튼의 운동 법칙^{laws of motion}'이 『대화』에서 기인했다는 것은 의미심장한 일이 아닐 수 없다. 다만 안타까운 것은 만약 그가 당시 가택연금 상태가 아닌 자유의 몸으로 다른 사람들의 연구서를 보거나, 여러 사람들과 만날 기회가 주어졌다면 어땠을까 하는 점이다. 레오나르도의 연구를 바탕으로 한 좀더 완성도 높은 연구를 해나갔다면 현재의 과학이 더욱 빠르게 진일보하지 않았을까 하는 아쉬움이 남는다.

자, 이제 친구들에게 온고지신이라는 말은 피부에 와닿는 성어가 되었을 것이다. 아직까지도 역사가 고리타분하다고 생각하는 친구들은 이제 생각을 바꿔보는 것도 나쁘지 않을 것이다. 선배와 역사를 다시 보는 그 순간에 지금 우리가 고민하는 답이 숨어 있을지도 모르기 때문이다.

백색 테러 ;
백화 현상

지구상의 모든 피조물은 본연의 색을 지니고 태어나며, 그 색을 잃는 것을 매우 두려워한다. 보통 무엇이 낡거나 몰락하면서 그 존재가 희미해지거나 볼품없어질 때 비유적으로 퇴색退色했다는 표현을 쓴다. 퇴색 그 자체가 몰락이나 상실을 의미하는 까닭 때문인지 흰색은 주로 쇠락을 대변한다. 그렇다면 과학적으로 희다는 것은 무엇을 의미하는가? 흰색이란 내부에 모든 태양 에너지(光線)를 거부(反射)하고, 전혀 에너지를 담지 않은, 즉 조화로움을 잃은 상태라 할 수 있다. 당연히 색을 지녔다는 것은 조화롭고 건강하게 살아 있음을 의미한다.

지구 상의 모든 피조물은 본연의 색을 지니고 태어나며, 그 색을 잃는 것을 매우 두려워한다. 보통 무엇이 낡거나 몰락하면서 그 존재가 희미해지거나 볼품없어질 때 비유적으로 퇴색退色했다는 표현을 쓴다. 퇴색 그 자체가 몰락이나 상실을 의미하는 까닭 때문인지 흰색은 주로 쇠락을 대변한다. 그렇다면 과학적으로 희다는 것은 무엇을 의미하는가? 흰색이란 내부에 모든 태양 에너지(光線)를 거부(反射)하고, 전혀 에너지를 담지 않은, 즉 조화로움을 잃은 상태라 할 수 있다. 당연히 색을 지녔다는 것은 조화롭고 건강하게 살아 있음을 의미한다.

하지만 이 같은 부조화의 상징인 흰색이 과거 우리의 선조들에게는 동경의 대상이 되곤 했다. 흰 옷, 흰 쌀밥이 그랬고, 삼백산업三白産業이 그랬다(1950년대 흰색 원료인 밀가루, 면화, 설탕을 원료로 하는 제분업, 방적업, 제당 공업의 소비 산업을 이른다. 한때 우리나라의 주요 산업 기반을 이룬 적도 있었으나, 미국 원조 경제하의 산업이자 소비 위주의 산업이라는 문제점으로 사향 산업으로 전락했다).

그런데 어느새 흰색은 썩 달갑지 않은 존재가 되고 있다. 그 까닭은 이 백색의 무차별 공격으로 전혀 손을 쓸 수 없는 상황갯녹음 현상은 아직 원인도 제대로 밝히지 못하고 있으며, 피부 질환인 건선乾癬의 경우도 그 원인균이 전부 규명되지 못했다이 벌어지는가 하면 심지어 '양의 탈을 쓴 늑대' 라는 사실이 과학적으로 입증되었기 때문이다(우리의 건강과 직결된 식생활에서 흰 음식은 영양 결핍으로 이어진다는 사실이 밝혀졌다. 또한 참살이well being에 대한 관심은 식탁에서 흰색을 몰아내기 시작했다).

식생활 분야에서 백색의 진실을 알린 사람은 아일랜드 출신의 똥박사(?) 데니스 버킷Denis Parsons Burkitt, 1911~1993이었다. 그는 아프리카에서 의료 활동을 하다가 현지인들의 똥 크기에 적이 놀랐다. 그저 그러려니 하고 넘길 수도 있는 일이었건만 1966년 영국으로 돌아온 버킷 박사는 궁금증을 떨쳐버

선비들이 입은 붉은 직령

선조들이 즐겨 입은 흰 옷

　　백의민족白衣民族. 정확히 언제부터인지 알 수 없으나 이 단어는 흰 옷을 즐겨 입는 우리 민족의 대명사가 되었다. 그렇다면 정말 우리 민족은 흰 옷을 좋아했을까? 집집마다 최첨단 세탁기가 있는 요즈음에도 웬만히 부지런을 떠는 멋쟁이가 아니면 흰 옷을 건사하기란 만만치 않다. 게다가 흰 옷 하면 상복喪服이 쉽게 떠오르기에 도대체 어떤 이유로 선조들은 흰 옷을 즐겨 입었다는 것인지 그 유래가 궁금하기만 하다. 누구도 명확한 답을 주지 않는 가운데, 조선 시대 실학자 이수광이 지은 한국 최초의 백과사전인 『지봉유설芝峰類說』에 근거해 그 이유를 살피자. 이 책은 원래 선비들은 붉은 직령을 입었으나, 명종 20년 을축(1565) 이후 잦은 국상國喪으로 인해 흰 옷을 입는 풍속이 생겨났다고 전한다. 유감스럽게도 중국인들은 이러한 풍습을 비웃었단다. 이후 국가에서도 경제적인 면에서 봤을 때 흰 옷을 입는 것이 결코 바람직한 일이 아니라 여겨, 1894년(고종 31) 갑오개혁甲午改革 이후부터 색의色衣 착용을 장려했다. 심지어 1906년(고종 광무 10)에는 법령으로 흰 옷 착용을 금지하기까지 했다.

건물의 백화 현상
바다사막화라 불리는 갯녹음 현상

릴 수 없어 연구에 착수했다. 그 결과 거대한 똥의 원인은 '식이섬유[fiber]'에 있음을 밝혔다. 잘 정제된 영양덩어리만 섭취하는 서구인에 비해 아프리카인들은 정제되지 않은 곡물이나 채소를 그대로 먹기 때문에 똥이 굵고 크며 그 때문에 대장암, 심장병, 당뇨병, 비만 같은 병에 잘 걸리지 않는다는 것이다. 일명 '닥터 파이버'라고 불리는 버킷 박사의 과학적 입증 덕으로 식이섬유가 적게 함유된 흰 음식은 우리 식탁에서 보기 좋게 퇴출당하기 시작했다. 그러고 보면 옛 어른들이 '잘사는 방법은 그저 잘 먹고 잘 싸는 것'이라 했던 말이 어찌 그리 합당한지 혀를 내두를 따름이다.

건물에 피는 버짐?

똥 이야기로 잠시 머리를 석혔으니 다시 백색의 횡포로 돌아가보자. 1960년대 영양 결핍으로 인한 건선, 즉 마른버짐과 1970년대 말 처음 발견되어 현재까지도 생태계를 위협하는, 소위 '바다사막화'라 불리는 갯녹음 현상[Whiting event]은 흰색의 횡포임을 앞서 언급했다. 여기서 잠깐 갯녹음 현상이 무엇인지 궁금해 할 친구들을 위해 간단하게 설명하고 건축물에 생기는 버짐 이야기로 넘어갈까 한다. 갯녹음이란 바닷물이 흐르는 곳을 의미하는 '갯'자와 '녹다'의 명사형인 '녹음'의 합성어로 이루어진 순우리말로, 바닷속 칼슘이온(Ca^{2+})이 고체 상태의 탄산칼슘($CaCO_3$)으로 변하면서 서서히 침전하여 해조류, 해저 생물, 해저의 바닥, 바위 등에 달라붙어 마치 바다에 눈이 내린 것처럼 보이는 현상을 말한다. 이 현상의 발생 원인에 대해 아직 정확히 밝혀진 것은 없지만, 지구 온난화 등 기온 변화에 따른 바닷속 탄산칼슘의 용해도 등과 관련이 있을 것이라고 추정할 뿐이다. 갯녹음의 주성분인 탄산칼슘은 무절석회조류나 수산 생물의 먹이로서 별 가치가 없는 터라 해조류를 먹는 어패류도 동시에 사라지는 결과를 초래하고 궁극적으로 어장의 황폐화를 가져온다. 인류를 위협하는 흰색 공포가 아닐 수 없다.

건축물도 예외는 아니어서 흰색의 공격은 치명적이다. 백화 현상 Efflorescence이라 부르는 이것은 주로 벽돌조 건물이나 현대에 각광받는 노출 콘크리트로 지은 건물에서 자주 나타난다. 풍화 작용의 결과인 셈인데 그 원인도 다양하다. 주요 풍화 작용의 4대 원인은 다음과 같다.

· 물의 작용 : 얼음 · 이산화탄소가 녹은 물의 용해 작용, 흐르는 물의 침식 작용

· 공기(산소)의 산화

· 생물(나무뿌리 · 미생물 등)의 작용

· 기온 변화(계절 · 낮과 밤)

그중 건물에 영향을 주는 원인은 두 가지로 이산화탄소가 녹은 물의 용해 작용이 주범이라 하겠다. 건물 외벽 마감재의 일종인 붉은 벽돌은 시멘트 모르타르(시멘트 : 모래=1 : 3)로 벽돌들을 서로 접착시키며 한 켜 한 켜 쌓아 올린다. 이때 모르타르를 만들려고 사용한 물이나 외부에서 침투한 빗물 등으로 가용성 알칼리염류(수산화칼슘, 황산칼슘, 황산소다, 황산칼륨 등)가 화학 반응(치환)을 일으켜 벽이 건조되면서 용해 물질이 벽돌 외부로 이동한다. 이때 수분이 증발하고 나면 보기 흉한 흰색의 염류가 벽면에 남는 것이다. 다른 표현을 빌리자면 콘크리트(시멘트)의 중성화라고 볼 수 있다. 왜냐하면 보통 콘크리트(시멘트)는 pH(수소이온 농도 지수)가 높은(pH 11~13) 알칼리성이지만, 공기 중의 이산화탄소와 반응하면 수소이온 농도를 7로 떨어뜨려 중성화시키기 때문이다.

화 학 반 응 의 종 류

화합: 두 종류 이상의 물질이 반응하여 한 종류의 물질이 되는 것
Fe(철) + S(황)→FeS(황화철)

분해: 한 종류의 화합물이 두 종류의 다른 물질로 나누어지는 것
열 분 해: 화합물이 열에 의해 분해되는 것
$2NaHCO_2$(탄산수소나트륨) $\rightarrow Na_2CO_2$(탄산나트륨) $+ H_2O$(물)
$+ CO_2$(이산화탄소)
촉매 분해: 화합물이 촉매에 의해 분해되는 것
촉매: MnO_2(이산화망간)
H_2O_2(과산화수소) $\rightarrow H_2O$(물) $+ O_2$(산소)
전기 분해: 화합물이 전류에 의해 분해되는 것
$2H_2O$(물) $\rightarrow 2H_2$(수소:−극에서 생성) $+ O_2$(산소:+극에서 생성)

치환: 화합물을 구성하는 성분 물질 중 일부가 반응하여 다른 물
질로 바뀌는 것으로 주로 수용액 중에 나타난다.
NaCl(염화나트륨) $+ AgNO_2$(질산은) $\rightarrow NaNO_2$(질산나트륨) $+$
AgCl(염화은)

수상 치환: 산소, 질소, 수소 등 물에 잘 녹지 않는 기체를 모을
때 사용하는 방법이다. 그렇지만 물에 녹는 기체는
쉽게 모을 수 없는 단점이 있다.
상방 치환: 메탄, 수소, 암모니아 등 공기보다 가벼운 기체를 모
을 때 사용한다. 물에 녹는 기체도 모을 수 있다.
하방 치환: 이산화탄소, 염화수소 염소, 황화수소, 이산화황 등
공기보다 무거운 기체를 모을 때 사용한다. 상방 치
환처럼 물에 녹는 기체도 모을 수 있다.

백화(치환) :

수산화칼슘 $Ca(OH)_2$ + 이산화탄소 CO_2 → 탄산칼슘 $CaCO_3$ + 물 H_2O

　　　　（pH: 13）　　　　　　　　　　　（pH: 7）

이 같은 현상은 소금기를 충분히 제거하지 않은 바닷모래를 사용했을 경우에도 발생하는데, 콘크리트(시멘트＋모래＋자갈) 속의 염분이 빗물에 녹아 벽면을 타고 내리면서 하얗게 굳어져 백화를 일으킨다. 드물기는 하지만 백화로 건물이 무너지기도 한다. 1981년 미국 캔자스시티에서는 바닷모래로 지은 빌딩이 심한 백화 현상을 보이다 무너져내려 111명이 사망했으며, 1983년 인도에서도 비슷한 사고로 120명 사망이라는 인명 피해를 입었다.

건물 백화의 또 다른 원인은 기온 변화다. 건물의 배치에 따라, 즉 북향 면의 경우 남향 면에 비해 상대적으로 일조량이 적으므로 수분 증발 속도가 더디게 마련이다. 이 조건은 내부에 녹아 있는 백화 성분이 표면으로 서서히 배어나오기 적당한 상태로 변하므로 건물의 남향 면보다는 북향 면에서 발생 빈도가 높다.

여태껏 설명한 백색 테러 때문에 행여 친구들이 색에 대해 좋지 않은 선입관을 가지지나 않을까 염려된다. 하지만 색은 그 자체가 지닌 의미만으로도 충분히 중요하다. 원래 상형 문자로서의 色은 남성을 의미하는 '勹'과 여성을 의미하는 '巴'가 위아래로 붙은 형상이다. 어찌 보면 음양의 조화로움 그 자체인 것이다. 피부색이 하얀 서양인들이 피부에 색을 담아 건강을 유지하고 조화로운 삶을 유지하기 위해 일광욕을 즐기는 것을 보면 동양의 색철학이 얼마나 심오한 것인지 다시 한 번 깨닫게 된다. 희지도 검지도 않은 황

백 화 방 지

백화를 초래하는 수분이 재료 자체에 포함되었는지 아니면 외부에서 침투한 것인지에 따라 두 가지로 나뉜다.

1차 백화: 모르타르 배합시 물을 많이 섞으면 모르타르에 수분 함유량이 높아져 발생한다. 이렇게 생긴 백화는 물청소와 빗물 등에 의해 쉽게 사라진다.

2차 백화: 벽돌을 쌓는 중이나 모두 쌓은 후에 외부에서 스며든 물에 의해 발생하는 것으로 일단 발생하면 물청소만으로는 제거할 수 없다. 염산 같은 약품을 사용해야 제거할 수 있는데 많은 주의가 따르며, 건물벽에 손상을 초래할 수 있는 단점도 있다.

색의 피부를 지닌 우리는 어떨까? 음양오행에 준거한 황색은 중앙(土)을 상징하는 권위의 색이다. 그런 점에서 보면 동양인이야말로 태양으로부터 유일하게 선택받은 인종일지도 모른다.

땅을 흔드는 손 ;

지구의 대륙판

<u>**지진을 이해하려면 우선 지구 구조를 이 해해야 한다.**</u> 지구는 마치 양파껍질같이 여러 겹 [핵(내핵-외핵)-맨틀-지각] 으로 이루어져 있는데, 지구의 표층을 지각이 라고 한다. 이 껍질이 산이기도 하고 바 다이기도 하며 여기에 우리는 집을 짓기 도 하고 고기도 잡는다. 그런데 이 안정 적이며 단단해 보이는 땅(지각)이 실은 물(맨틀) 위에 떠 있는 나무판 같은 상황 이라는 것이 믿어지는가? 게다가 이 땅

은 12조각이나 나 있다고 한다.

상상해보라. 단단한 나무 송판이 물 위 에 떠 있다. 물이 출렁일 때마다 나무판 은 이리저리 흔들릴 것이다. 또 그 옆에 는 12조각으로 조각난 나무판이 물 위 에 떠 있다. 바람이 불고 파도가 일렁인 다. 파도에 흔들릴 때마다 나무판도 이 리저리 흔들린다. 옆에 있던 12조각 나 무판들은 어떠한가?

"일본은 점점 가라앉고 있다니 참자고." 하는 식의 말을 한 적이 있었다. 그런데 일본도 그러한 상상을 해본 적이 있는 모양이다.

일본 스루가 만에서 진도 10이 넘는 대지진이 발생한다. 미국 지질학회는 일본 열도의 지각 아래에 있는 태평양 플레이트가 상부 맨틀과 하부 맨틀의 경계면으로 밀려들어가면서 생긴 현상이라고 분석하고, 이는 일본 대붕괴의 전조이며, 침몰까지 남은 시간은 40년이라고 발표한다. 그러나 일본의 지구과학 박사 타도코로(토요카와 에츠시)가 자체적으로 지질을 조사한 결과, 일본이 침몰하는 데 남은 시간은 40년이 아닌 불과 1년이라는 사실을 알고 비밀리에 일본침몰연구기관을 세우고 긴급 대피 계획을 세운다.

그 와중에 홋카이도, 큐슈 등 대도시에는 연속적으로 지진이 발생하고, 일본은 가히 아비규환이다. 건물은 분진과 함께 폭파되듯 무너져내리고 바다에는 해일이 인다. 그 사이 타도코로는 해저 플레이트에 구멍을 뚫어 'N2 폭약' 을 설치하고 그것을 연쇄 폭발시켜 지반을 판에서 분리시켜야 한다는 해결책을 내놓는다. 그러나 'N2 폭약' 을 굴착 지점에 던지려는 순간 격렬한 파도가 덮쳐 폭약마저 잃고 영화는 클라이막스를 치닫는다.

이는 2006년에 개봉된 히구치 신지 감독의《일본 침몰》시나리오다. 이 영화에 등장한 지진 크기는 역대 지진 규모로 가장 강력했다는 M 9.5의 1960년 칠레 지진보다도 강력한 것으로, 1923년 관동 대지진의 악몽을 경험한 일본인들뿐 아니라 연평균 약 50회의 지진이 발생하는 우리나라도 강 건너 불일 수만은 없는 상황으로 느껴진다. 더욱이 이 재난 영화는 어느 정

지 진 의 크 기

지진의 크기는 절대적 개념의 '규모Magnitude'와 상대적 개념의 '진도 Seismic intensity'가 있다. '규모'는 '리히터 스케일Richter scale'이라고도 하며 지진파의 진폭, 주기, 진앙 등을 계산해 산출한다. '진도'는 특정 장소에서 감지 되는 진동의 세기를 말한다. 따라서 하나의 지진은 규모는 같으나 진도는 장소에 따라 달라질 수 있다.

규모란 지진 자체의 크기를 측정하는 단위로 1935년 이 개념을 처음 도입 한 미국의 지질학자 리히터Charles Richter, 1900~1985의 이름을 따서 '리히터 스케일Richter scale'이라고도 하며, 소수점 아래 한 자리까지 표현한다. 그리고 M 1.0, 즉 규모 1.0이란 폭약(TNT) 60톤의 힘에 해당되며, 규모가 1.0 증가할 때 마다 에너지는 30배씩 늘어난다.

진도는 어느 한 점에서 인체에 미치는 감각이나 자연계와 구조물 등에 미 친 피해 상황에 의하여 지진의 세기를 표시하는 것이다. 진원이나 진앙과 멀리 떨 어진 지역은 진도가 낮게 나타나며, 세계적으로 통일되어 있지 않아서 나라마다 실정에 맞는 척도를 채택한다.

일본에서는 JMA 스케일(Japanese Meteological Agency Scale : 0~VII), 미 국에서는 MM 스케일(Modified Mercalli Scale : I~XII), 유럽에서는 로시-포렐 스 케일(I~X), 그리고 동유럽에서는 구소련을 중심으로 발달한 MSK 스케일 등이 있는데, 우리나라는 일본 기상청(JMA)이 정한 JMA 척도를 사용한다.

J M A 척 도

진 도	이 름	피 해 정 도
0	무감	느낄 수 없는 정도
I	미진	민감한 사람만 느낄 수 있는 정도
II	경진	보통 사람이 느끼고, 문이 약간 흔들리는 정도
III	약진	가옥이 흔들리고, 물건이 떨어지고, 물그릇의 물이 진동함
IV	중진	가옥이 심하게 흔들리고, 물그릇이 넘쳐흐름
V	강진	벽에 금이 가고, 건물이 다소 파괴됨
VI	열진	가옥 파괴 30퍼센트 이하, 산사태가 일어날 수 있음
VII	격진	가옥 파괴 30퍼센트 이상, 산사태가 일어나고 단층이 생김

영화 《일본 침몰》의 한 장면
© SINKING OF JAPAN Production Committee

맨 틀 구 조

맨틀층mantle은 지구의 지각과 외핵 사이에 있는 중간층으로, 지각 바로 밑에 있으며 2,900킬로미터 깊이까지의 부분을 이루고 있는데, 이 층은 다시 상부 맨틀과 하부 맨틀로 나눌 수 있다(혹은 상부 맨틀·점이층·하부 맨틀로 구분하기도 한다). 상부 맨틀은 다시 비지각 암 석 권 non-crustal lithosphere과 연 약 권 asthenosphere으로 나눠지는데, 상부 맨틀의 중요한 특징은 100~250킬로미터의 깊이에 지진파의 속도가 감소하는 저속도층이 존재한다는 것이다. 이 층에서 지진파의 속도는 모호로비치치 불연속면(지진파의 속도의 불연속면으로 지각과 맨틀의 경계면이다. 참고로 내핵과 외핵의 경계면은 레만면이라고 한다) 바로 아래보다 약 6퍼센트 감소하며, 이 저속도층은 전 세계적으로 분포해 있다.

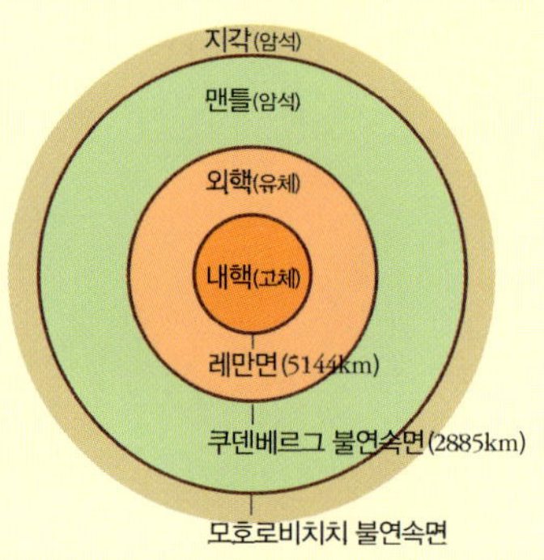

지구 단면 구조

판구조론에서는 지각과 저속도층 상부의 최상부 맨틀을 함께 묶어서 암석권lithosphere이라고 부르며, 저속도층을 포함하여 하부 맨틀의 경계 700킬로미터까지를 연약권이라고 정의한다. 이 아래(700~2,900킬로미터)에서 내핵까지를 하부 맨틀이라고 하며, 1914년 구텐베르그Beno Gutenberg는 정확하게 그 위치를 밝혔다. 그래서 맨틀과 외핵의 경계면인 지하 2,900킬로미터를 구텐베르그면이라고 한다. 또한 하부 맨틀의 특징은 지진파의 속도가 서서히 증가한다는 것이다.

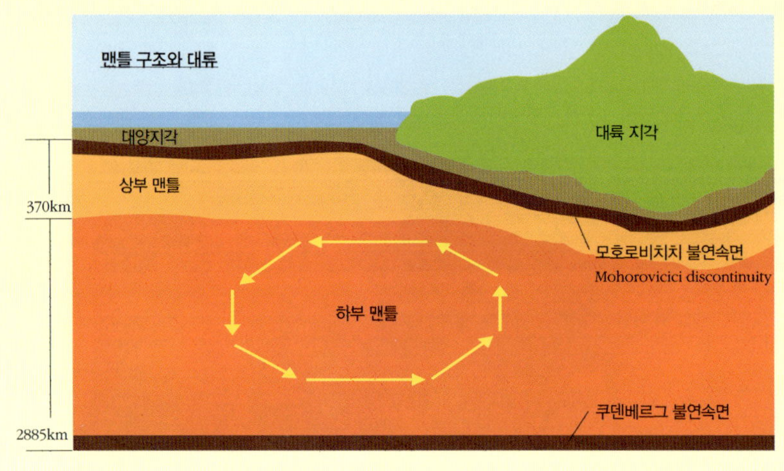

도 과학적 근거를 바탕으로 만들어졌으므로 보는 이를 더욱 긴장시키는지 도 모른다.

도대체 이 영화가 바탕으로 하는 과학적 가설은 무엇이며, 지진이란 어떤 것이고, 지진은 왜 발생하는가?

지구 구조와 지진

"일찍이 높은 산 위에 소라와 조개의 껍데기가 있는 것을 보았는데, 혹은 돌 속에서 나오기도 한다. 이 돌은 곧 옛날의 흙이었으며, 소라·조개는 곧 물 속에 사는 것이었는데, 낮은 곳이 갑자기 변하여 높아지고, 부드러운 것이 문득 변하여 딱딱해진 것이다."–주자朱熹[1130~1200]

지진을 이해하려면 우선 지구 구조를 이해해야 한다. 지구는 마치 양파 껍질같이 여러 겹[핵(내핵-외핵)-맨틀-지각]으로 이루어져 있는데, 지구의 표층을 지각이라고 한다. 이 껍질이 산이기도 하고 바다이기도 하며 여기에 우리는 집을 짓기도 하고 고기도 잡는다. 그런데 이 안정적이며 단단해 보이는 땅(지각)이 실은 물(맨틀) 위에 떠 있는 나무판과 같은 상황이라는 것이 믿어지는가? 게다가 이 땅이 12조각이나 나 있다고 한다.

상상해보라. 단단한 나무 송판이 물 위에 떠 있다. 물이 출렁일 때마다 나무판은 이리저리 흔들릴 것이다. 또 그 옆에는 12조각으로 조각난 나무판이 물 위에 떠 있다. 바람이 불고 파도가 일렁인다. 파도에 흔들릴 때마다 나무판도 이리저리 흔들린다. 옆에 있던 12조각 나무판들은 어떠한가? 조각들끼

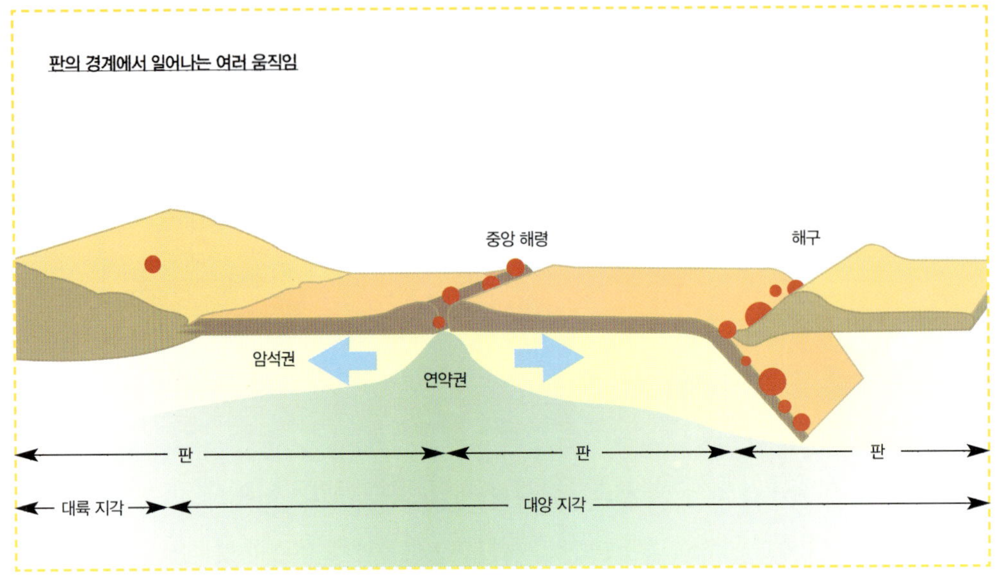

리 서로 부딪혀 상승시키기도 할 것(해령)이며, 어떤 판은 침강하기도(해구) 하고 판들끼리 속도를 달리 하며 옆으로 밀려나기도(변환 단층) 할 것이다.

지진이란 바로 이러한 판의 경계에서 판들의 여러 움직임으로 인해 일어나는 땅의 흔들림 현상 때문에 발생하는데, 이러한 판의 경계는 해령(해저 산맥)ocean ridge · 해구ocean trench · 변환 단층transform fault의 세 종류가 있다.

이렇듯 대륙이 살아움직이고 있다는 생각을 처음 한 사람은 독일의 천문학 박사 알프레드 베게너Alfred Lothar Wegener, 1880~1930였다. 그는 1912년『대륙과 해양의 기원Die Entstehung der Kontinente und Ozeane』을 통해 "과거에는 모든 대륙이 하나(판게아)였는데, 시간이 흐르면서 판게아Pangaea, '지구 전체'라는 뜻의 그리스어 pangaia에서 유래가 쪼개져 오늘날의 위치로 이동했다"는 대륙표이설을 최초로 주장했다. 그러나 그는 원인을 밝혀내지 못했으므로 사람들에게 받아들여지지 못했다. 이후 영국의 지질학자 아서 홈스Arthur Holmes, 1890~1965가 1929년에 방사성 물질이 붕괴할 때 나오는 열이 지구 내부에서 대류 계를 형성시킨다는 맨틀대류설로 대륙 이동의 원인을 밝혀 냈으나, 이 역시 받아들여지지 않았다. 그러나 지질학자들에게 대륙이 움직인다는 가설은 절대적 신앙과도 같은 것이었다. 1960년대에 미국의 지질학 교수인 헤스^{Harry Hess}의 해저확장설^{맨틀 대류에 의해 해령(해저 산맥)을 중심으로 하여 해양저가 양쪽으로 확장하고 있다}과 이를 보완한 ^{헤스는 해저확장설에서 판의 경계를 해저 산맥(열개 경계 혹은 확장 경계)과 해구}

^{(수렴 경계)로만 설명했는데, 윌슨은 수평 이동하는 형태의 지표 경계를 설정하고, 이를 변환 단층(유지 경계)}

^{이라고 함} 캐나다의 과학자 윌슨^{wilson}에 의해 판의 경계가 모두 설명되어 지구의 모든 지질학적 현상을 설명하는 판구조론을 완성할 수 있었다. 그러나 판구조론도 화산섬과 같은 열점^{hotspot}을 설명할 수 없었는데, 최근에는 이를 플룸 구조 ^{plume tectonics}로 설명하면서 그 미흡했던 간극을 메우고 있다. 이 이론은 맨틀 하부에 뜨거운 물질이 상승하는 부분이 있으며 이를 플룸이라 부르고 플룸이 지표에서는 열점으로 표현된다는 설명인데, 이는 여드름을 생각하면 쉽다. 피부 속에 여드름이 숨어 있다가 어떤 힘이 가해지면 여드름이 툭 터져나오듯이 화산이 바로 그렇다는 이야기다.

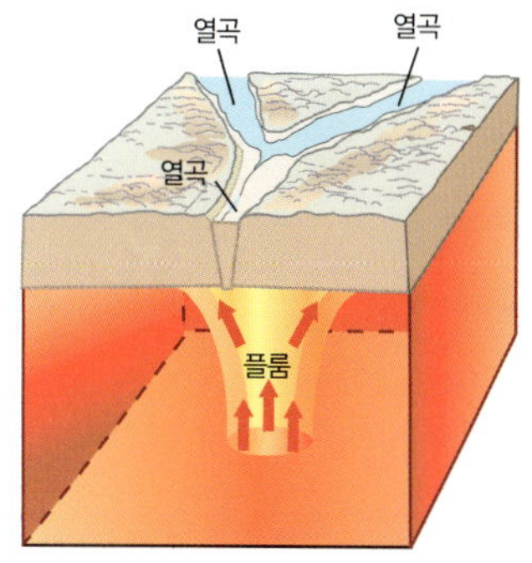

피부 속에 숨어 있는 여드름
여드름 피부 단면과 유사한 맨틀 하부의 뜨거운 물질인 플룸

내 진 구 조

전술했듯이 우리나라도 지진의 안전 지대는 아니다. 최근(2007년 1월 20일)에도 강원도 강릉 서쪽 28킬로미터 지점에서 진도 4.8의 지진이 일어났다. 역사적으로 보자면 『삼국사기』, 『삼국유사』, 『고려사』, 『조선왕조실록』,

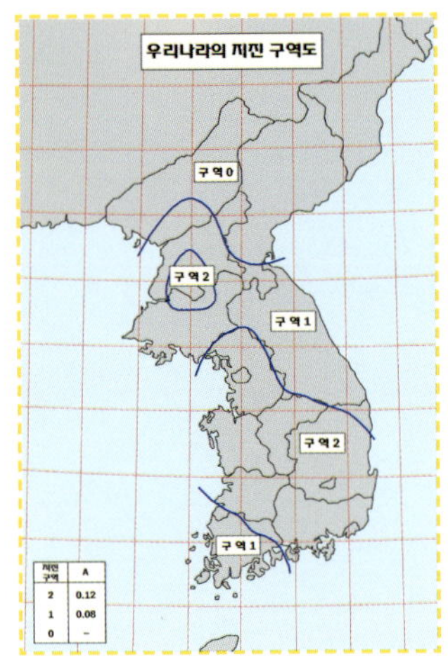

↑ 우리나라의 지진 구역도

『승정원일기』 등에도 기록되어 있으며, 779년(신라 혜공왕 15) 경주에서 발생한 지진은 100여 명의 사망자를 냈다는 기록이 있다. 그러나 우리나라가 본격적으로 지진에 관심을 가진 것은 20세기 들어서다. M 5.1을 기록한 1936년의 지리산 쌍계사 지진을 시작으로 가장 최근의 기록인 1996년 M 4.5의 영월 지진에 이르기까지 16차례나 관측되고 있다.

우리나라는 지진의 위험도에 따라 0, 1, 2구역으로 구분하는 구역도를 만들었고, 3층 이상 또는 연면적 1,000제곱미터 이상의 건물은 건축법으로 지진에 견딜 수 있는 구조물의 내구성 설계(내진 설계)를 의무화하고 있다. 즉 해일이나 화산 폭발 등의 천재는 막을 수 없지만 지진으로 인한 건물 붕괴는 가능한 한 막자는 것이다.

지진에 견딘다? 지진에 견디는 설계라는 내진 설계를 개념적으로 살펴보자면, 지진은 보통 건물을 좌우로 흔들기 때문에 수평 진동을 견디게 건축물 내부의 가로축을 튼튼하게 만들어 건축물을 강화하고, 평면이나 입면 등 건물의 전체 형태도 균형을 맞추어 하중이 편중되지 않도록 하는 것이 핵심이다. 그러나 내진 구조는 지진으로 인한 건물 붕괴만은 막자는 것이기에 건물 자체의 피해는 어느 정도 허용한다. 그러므로 내진 설계를 한 건물이 지진을 만나면 인명 피해는 줄일 수 있으나 건물의 훼손으로 인한 피해는 심각하다. 이에 건물의 피해를 줄일 수 있는 새로운 진동제어법이 요구되었는데, 면진免震과 제진制振이 바로 그것이다. 이 두 방법은 구조물의 진동 제어 형태에 따라 구분되는데, 면진 구조란 건물을 흔드는 땅으로부터 구조물을 분

1 2 조 각   지 구   퍼 즐

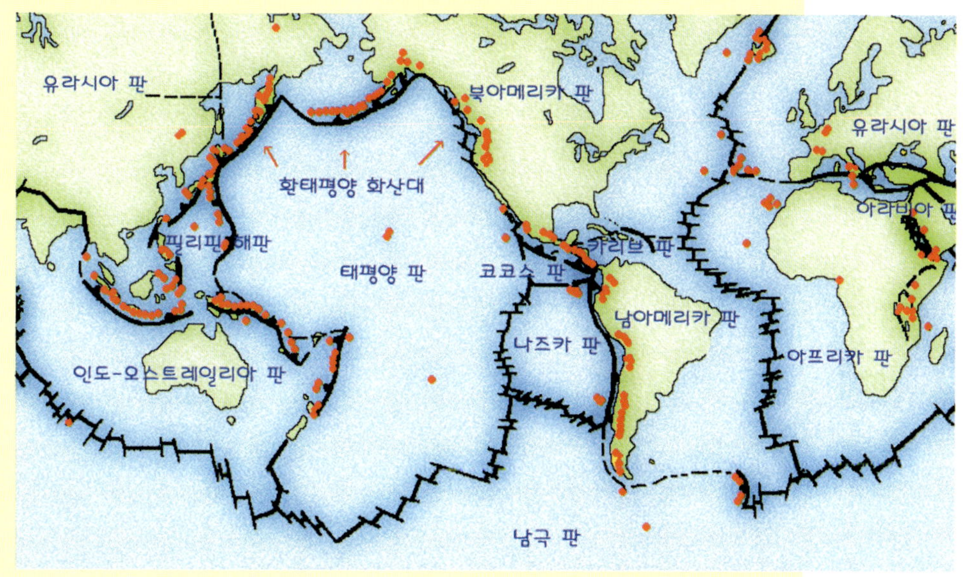

중요한 판: 태평양판(매년 6.5센티미터씩 이동), 인도-오스트레일리아판, 아프리카판, 유라시아판, 북아메리카판, 남아메리카판, 남극판

작은 판: 코코스판, 카리브판, 아라비아판, 필리핀판, 나즈카판

더 작은 규모의 판: 터키판, 이란판, 헬렌판

12개의 대양판들. 붉은색 점은 열점 hotspot 표시

진 동 제 어 장 치

    면진: 건물과 기초 사이에 진동을 감쇄시킬 수 있는 분리 장치를 삽입해 지반과 건물을 약 1,200밀리미터 정도 분리시켜 지반 진동이 상부 건물에 직접 전달되는 것을 차단하는 방법이다. 이로 인해 지진에 의한 흔들림은 6분의 1~8분의 1배 정도 줄여든다. 주로 건물, 교량, 원자력 발전소 같은 대형 구조물에 적용되고 있다.

    제진: 진동의 방향과 반대로 건물을 움직여 충격을 상쇄시키는 방법. 진동을 제어하기 위해 특별한 장치나 기구를 구조물에 설치하여 진동 에너지를 흡수하는 것으로 거주성, 기능성, 안정성 및 경제성을 도모할 수 있기에 최근 주목받고 있는 기술이다. 일반적인 내진 구조에서는 골조 자체에서 진동 에너지를 흡수하는 것으로 건물의 안정성을 확보했지만, 이는 구조물의 손상을 수반하는 단점이 있으므로 이에 대한 보완 장치가 제진 장치다. 이 장치는 건물의 각 층 간이나, 층간 바닥, 건물의 옥상이나 건물의 최하부 혹은 건물 간에도 설치하고 있다.

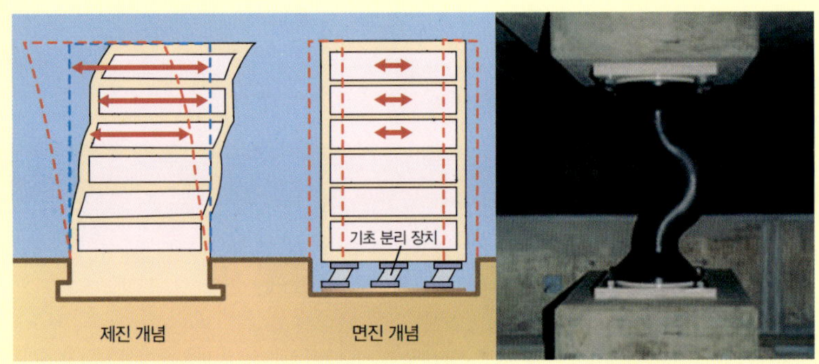

⬍ **건물의 진동을 제어하는 제진 · 면진의 원리**　　⋯ **제진의 여러 방법들**　　⋯ **기초 분리 장치**

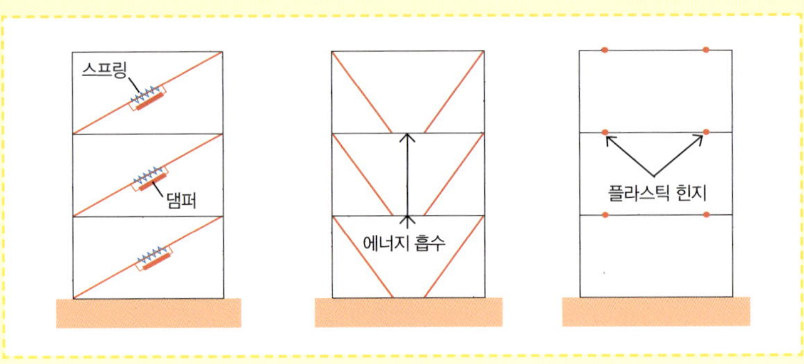

리(絶緣)시키자는 개념으로 건물과 땅을, 혹은 건물과 건물의 층간을 얇은 고무와 강판을 교대로 겹겹이 쌓은 스프링(면진 부재) 같은 것을 두어 (면진) 층으로 분리하는 것이다. 반면 제진 구조란 진동을 흡수해 제어할 수 있는 별도의 (제진)장치를 설치하는 방법으로 지진이나 바람 등으로 인한 진동이 전해져오는 쪽과 반대 방향으로 건물을 움직여 충격을 상쇄시키는 방법이다.

면진 부재의 요구 기능

1. 절연 기능: 진동이 건물에 전달되지 않도록 함(분리)

2. 지지 기능: 상부 건물을 안정되게 지지함(분리)

3. 감쇄 기능: 진폭을 작게 함(감쇄)

4. 복원 기능: 지진 후 원위치로 돌아오도록 함(분리)

좀 쉽게 설명하자면 내진 설계는 방탄복을 입은 것이고, 면진이나 제진은 방탄차 안에 들어 있는 것과 같다고나 할까? 방탄복을 입으면 총상의 피해는 면할 수 있으나 몸(건물)이 멍들거나 뼈가 상할 수 있다. 그러나 방탄차라면 아무런 피해도 없지 않은가! 그러니 지진이 잦은 지역에서 내진 설계를 한다면 그때마다 건물을 새로 짓거나 수리해야 하는 비용이 만만치 않은 터라 새로운 진동 대처법이 필요했을 것은 당연한 일이리라.

결국 진동에 이기기 위한 방법이란 지진이 건물을 흔들 때 이에 버티기보다는 같이 흔들리는 것으로 압축되는데, 역시 세상의 진리는 부드러움이 강함을 이긴다는 것이리라. 지표의 딱딱함이 맨틀의 유연함에 굴복하여 이리저리 흔들리거나 뚫리(화산)듯 말이다.

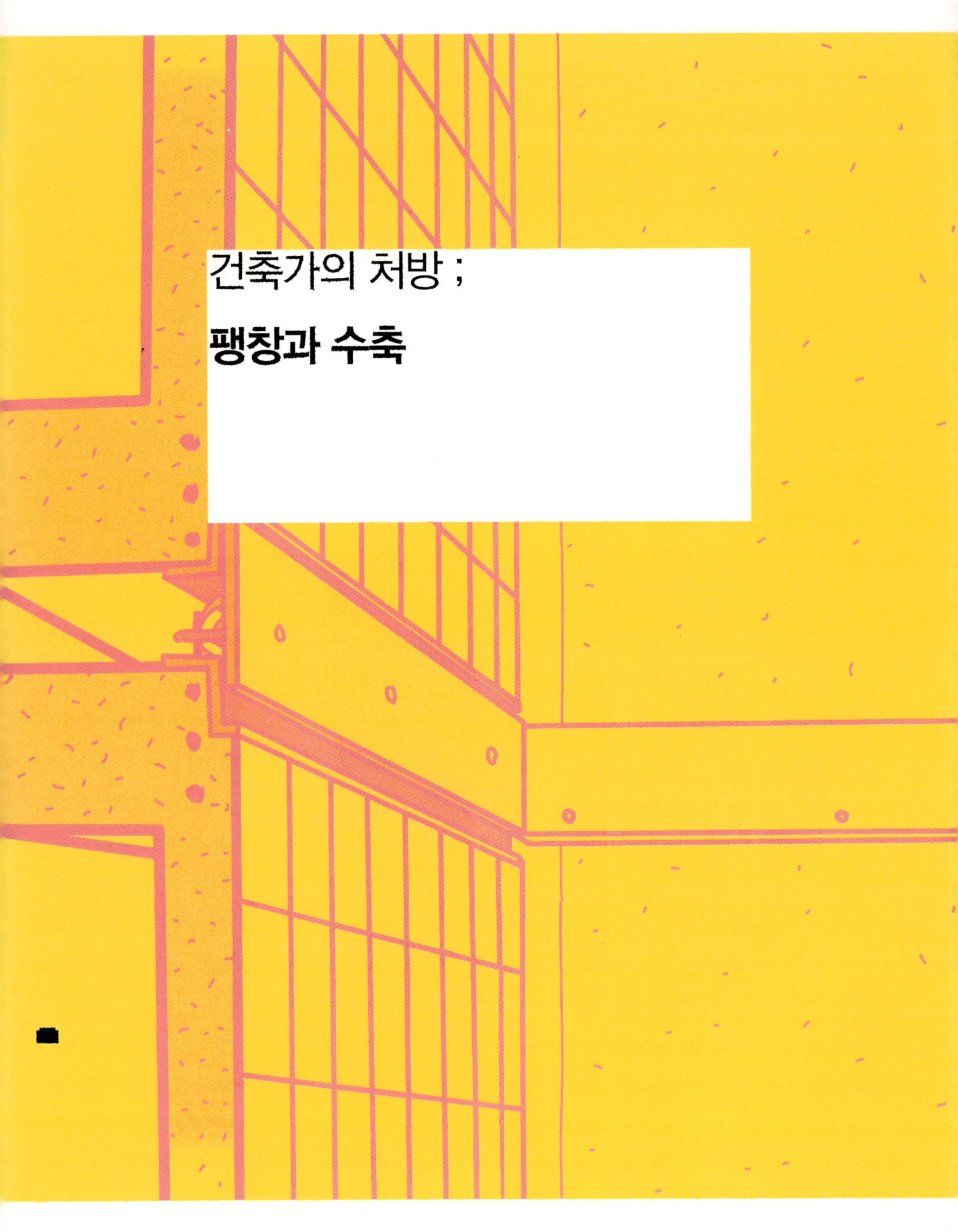

건축가의 처방 ;
팽창과 수축

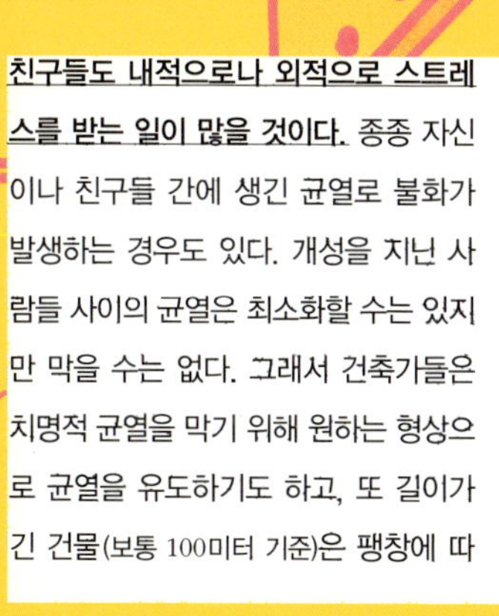

친구들도 내적으로나 외적으로 스트레스를 받는 일이 많을 것이다. 종종 자신이나 친구들 간에 생긴 균열로 불화가 발생하는 경우도 있다. 개성을 지닌 사람들 사이의 균열은 최소화할 수는 있지만 막을 수는 없다. 그래서 건축가들은 치명적 균열을 막기 위해 원하는 형상으로 균열을 유도하기도 하고, 또 길이가 긴 건물(보통 100미터 기준)은 팽창에 따른 여지를 미리 남겨 이격(기준은 여름의 최고 온도와 겨울의 최저 온도를 모두 고려) 사이에 신축 줄눈을 설계한다. 그래서 말인데 친구들에게 아주 좋은 제안을 한다. 주변 사람들과 크랙 방지 줄눈 하나 정도는 설치하라고 말이다. 당연히 설치 기준은 냉정과 열정 사이이다.

"당신은 나의 사랑은 가졌으나 나의 시간은 가질 수 없다."

이 말은 장기 이식 수술을 가능케 한 영국의 생물학자 피터 B. 메더워^{Sir} _{Peter Brian Medawar, 1915~1987}가 결혼 직전에 사랑의 맹세 대신 신부에게 던진 말이다. 당신 없인 하루도 살 수 없다며 너스레를 떨어도 부족한 마당에 어디 가당키나 한 말인가? 결혼 직전에 이런 말을 들은 신부는 '도대체 내가 왜 이따위 결혼을 하려는 걸까? 어떻게 저런 사람을 믿고 일평생을 같이할 수 있을까?'라고 생각했을 것이다. 피터는 처음부터 결혼이란 다른 두 인간이 만난 것이므로 완전히 하나가 될 수 없는 간극이 있음을 인정해야 한다고 신부에게 선언한 것이었으리라.

친구들에게 결혼은 먼 훗날의 이야기일 것이다. 아직 해야 할 공부며 경험해야 할 일들이 산더미같이 쌓여 있으니 그렇게 생각하는 것도 당연할 것이다. 결혼이라. 따지고 보면 성격이 서로 다른 남남이 만나 백년을 해로하겠다는 맹세를 하는 것 자체가 위험한(?) 일인지도 모른다. 오랜 연애 끝에 상대방을 확실히 알고 충분히 신뢰해도 살다 보면 이러저러한 문제들로 끝까지 함께할 수 없는 상황이 흔하디흔하니 말이다. 백년해로는 일단 서로의 다름을 인정해 상대방의 개성을 받아들여야 그 가능성의 물꼬를 조금 열어 두는 것이다. 그러나 어쩌랴. 대부분의 부부는 정신과 육체가 완전히 하나 되기를 간절히 바라며, 마치 그래야만 결혼의 진정한 뜻(?)을 이루는 것이라 오해하고 있으니. 어쩌면 최근 급증하는 이혼율도 이런 결혼의 환상에서 비롯되는 것일지도 모른다. 하지만 친구들이여, 후회 없는 앞날을 위해 분명히 기억하라. 결혼은 하나 됨이 아니라 하나 되려고 노력하는 과정의 연장선임을 말이다.

어느 정도 서로에게 자유로움을 인정하는 결혼 생활은 비록 미세한 틈을 만들지언정 결정적인 붕괴를 초래하지는 않을 것이다. 서로 다른 재료들이 만나 백년해로를 약속하는 건물도 마찬가지다. 콘크리트의 예를 들어보자. 콘크리트는 시멘트, 물, 모래, 자갈이 만나 콘크리트라는 새로운 성질로 거듭 태어난다. 이때 이들 재료들이 가까워질 수 있도록 일정 틀(거푸집)에 부어놓고 유예 기간을 두는데 이를 '양생^{curing}'이라고 한다. 이 양생 기간 동안 매개자였던 물은 빠져나가고 시멘트·모래·자갈만이 일체화된 형태로 남는다. 물론 보조자였던 거푸집도 철거하면, 비로소 이를 콘크리트란 새 이름으로 부르는 것이다. 집주인은 이들의 백년해로를 간절히 기원한다. 그러나 1~2년이 지난 콘크리트는 시멘트·모래·자갈 등의 성질 차이(수축)가 드러나면서 조금씩 틈이 생기기 시작한다. 서로 다른 성질의 결합이 온전한 하나로 태어나기란 그만큼 힘든 것이다.

이제 범위를 넓혀 건물 전체를 돌아보자. 하나의 건물은 여러 다른 성질의 물질들이 결합한 총화다. 이들의 하모니가 순탄하지만은 않다. 이들의 결합을 막는 장애는 크게 내적 요인과 외적 요인으로 나눌 수 있다. 내적 요인은 앞서 설명한 성질차가 될 수 있겠고, 외부 요인은 좀더 다양해서 네 가지 정도로 나눌 수 있다.

1. 계절에 따른 온도차에 의한 건물의 수축과 팽창 현상

2. 지진

3. 바람 wind sway

4. 건물이 서 있는 지반의 응력 차이나 건물 내의 불균등한 하중 분포 때문에 건물 부위별로 가라앉는 정도가 달라 발생하는 부동 침하가 있다.

이러한 결합 방해 요인들은 건물의 결속력을 끊임없이 시험한다. 따라

익스팬션 조인트의 모습: 바닥, 벽, 천장, 옥상

서 건축가들은 건축물을 구성하는 물질들의 개성을 인정하면서 함께 살아
갈 수 있도록 여러 가지 장치를 준비한다. 건물이 처한 어려움에 따라 다양
한 처방전을 내리는 것은 당연하다. 이 장에서는 그 방대한 경우 가운데 건
물의 팽창과 수축에 한정해 건축가들의 처방전을 들어보기로 한다. 특히 팽
창에 중점을 두려고 하는데, 열이라는 관점에서 구조물의 변형을 보면 열을
빼앗겨 생기는 변형보다는 대부분 열을 습득해 발생하는 변형이 많기 때문
이다.

그렇다면 건축가들이 내리는 처방전은 무엇일까? 간단하다. 억지로 붙
어 있지 말고 일정 거리를 유지하며 살라는 것이다. 그렇다고 완전히 떨어져
있을 수는 없는 법. 그래서 외부 환경에 좀더 유연한 판을 하나 덧대주는데,
신축 줄눈이라 부르는 익스팬션 조인트expansion joint다.

그렇다면 의사도 과학자도 아닌 건축가들의 처방이 과연 옳을까? 일단
건축가들의 처방, 즉 신축 줄눈이 옳다는 가정하에 출발하자. 문제 해결을
위해 팽창이란 무엇이며, 그 원인은 무엇인지부터 짚어보기로 하자.

팽창이란 말 그대로 부풀어오르는 것이다. 즉 부피가 커짐을 의미하는
데, 커피나 우유에 적신 빵이 원래 크기보다는 다소 커지는 경우를 생각하면
간단하다. 끓인 라면을 오래 두어도 마찬가지다. 그러나 이 같은 경우는 물
리학에서 팽창으로 간주하지 않는다. 물리학에서 팽창이란 질량은 일정하
게 유지하면서 물체의 부피가 증가하는 현상을 말한다. 앞의 예들은 전부 물
질 내로 습기가 침투해서 질량이 변했으므로 팽창이 아니다. 보통 '불린다'
는 표현의 불림과 팽창의 차이는 질량 변화의 유무에 따르는 것이다.

좀더 이해를 돕기 위해 상황을 재현해보자. 어머니가 손님 접대로 음식
장만에 분주하다. 식탁에 보니 예쁜 접시에 제법 먹음직한 샐러드가 담겨 있

다. 안 되는 줄 알면서 조금만 먹는다는 것이 그만 티가 날 정도다. 이 경우은 부피를 늘려 눈속임을 할 수밖에 없다. 방법은 두 가지. 한 가지는 속에 방울토마토 등으로 (질)양을 늘려 원래 것과 비슷하게 만드는 방법이고, 또 다른 방법은 양상추를 얼기설기 찢어 그저 부피가 커 보이도록 하는 방법이다. 전자가 불리는 방법이라면, 후자는 팽창과 흡사하다. 이제 팽창을 일으키는 요인에 대해서 살펴볼 차례다.

팽창을 일으키는 가장 중요한 요인은 열이다. 일반적으로 물체에 열을 가하면 온도 상승에 따라 원자 배열이 느슨해져(밀도 감소) ^{원자들은 눈에 보이지 않는 스프링으로 연결되어 있는데, 스프링은 늘었다 줄었다 하는 탄성력이 크다} 샤를의 법칙^{Charles's law}에 따라 부피가 증가하며 이 현상을 (열)팽창이라고 한다. 더운 여름날 버스 뒷좌석에서 아주 뚱뚱한 사람 옆에 앉았다고 상상해보라. 그 사람 체온 때문에 자신의 몸마저 더워져 급기야 자리를 뜨지 않는가. 마찬가지로 분자들도 열을 받으면 서로 떨어지려고 한다. 하지만 모든 규칙에는 예외가 있는 법. 특이하게 고체 중 온도가 상승함에 따라 수축하는 물질^{이건 퀴즈이니 친구들이 한번 생각해보세요. 하지만 답을 알고 나면 허망할지도 몰라요, 정답 P. 171}이 있으니 모든 물질에서 열팽창이 절대적이지는 않다. 어쨌거나 이 단순하면서 주요한 요인으로 가열된 고체는 결합력이 약화되어 틈이 생긴다. 액체의 경우에는 용기가 폭발할 수도 있으며, 일정 부피 안의 기체는 압력 변화를 초래하게 된다.

이런 현상들은 일상 생활에서 흔히 목격된다. 콘크리트나 아스팔트로 포장된 도로는 계절의 변화에 따른 온도 변화나 노면을 달리는 자동차의 마찰열로 언제나 열팽창과 대면한다. 어느 순간 외압을 견디다 못한 노면은 분자 간 이별을 고하고 헤어지는데 이것이 바로 균열^{crack}이다. 가랑비에 속옷

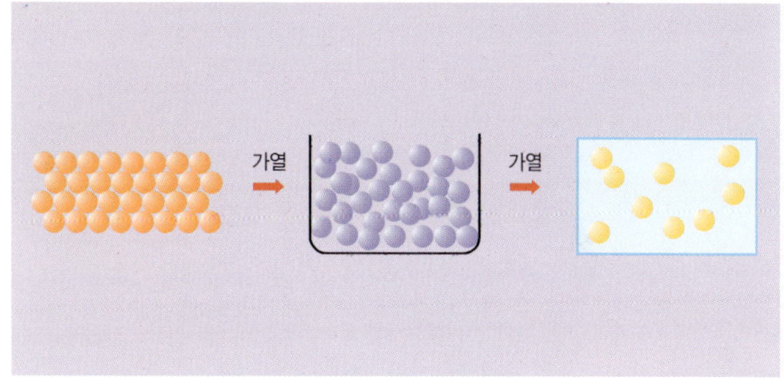

외부에 노출된 철도의 선로는 태양열 뿐 아니라 달리는 기차와의 마찰열도 견뎌내야 한다. 선로가 열팽창으로 벌어지거나 휘어져 기차가 탈선하지 않도록 선로 중간이나 양 선로 사이에 익스팬션 조인트를 설치해둔다

열팽창에 의한 고체, 액체, 기체의 부피 변화

젖는다고 했던가. 사소한 균열^{형상에 따라 다르지만, 보통 건축에서 0.3밀리미터 이하의 균열은 그다지 위험하지 않은 것으로 간주한다}들이 모이면 사람의 발이 빠질 정도의 큰 틈으로 벌어지기도 하고 다리의 경우에는 붕괴의 위험까지 발생한다. 그래서 도로나 다리의 일정 구간에는 이를 완화시키는 장치를 한다. 도로를 보면 지퍼처럼 생긴 철판들을 발견할 수 있는데, 이것이 열팽창에 대한 지원군들인 셈이다.

이렇듯 외부의 열이 문제라면 사전에 열을 차단하면 팽창을 막을 수 있지 않겠는가? 하지만 세상사가 그렇게 만만하고 간단하면 무슨 문제가 있겠는가. 단열 팽창斷熱膨脹이라는 복병이 숨어 있으니 말이다. 단열 팽창은 열팽창을 하는 물체에 외부 열의 이동을 차단하면 자체 에너지를 소모시키면서 팽창하는 것을 의미한다. 물론 자신의 온도를 낮추는 대가는 톡톡히 치른다. 이러한 예로는 수증기가 응결해 형성된 구름을 들 수 있다. 지면의 공기가 따뜻해지면 밀도가 낮아져서 상승하며, 상층의 낮은 기압으로 인해 공기는 팽창한다. 상층 공기의 온도는 지표보다 낮으므로 팽창할 때 주위로부터 열을 받을 수 없어 자신의 온도를 낮춰 응결하고 결국 구름이 되는 것이다.

팽창의 또 다른 유형으로 자유 팽창이라는 것이 있다. 이는 여러분이 콜라 캔(진공)을 땄을 때 내부의 가스가 올라오는 것과 유사한 것으로 물체가 외부에 대하여 '일'^{물리학에서 '일=힘×거리'로 표시한다. 무엇을 움직이기 위해 힘을 사용하고 그 결과가 (움직인) 거리로 나타날 때 비로소 일한 것이 된다}하지 않고 팽창하는 현상을 말한다.

팽창에 대한 전반적인 설명은 이것으로 마무리하고, 왜 팽창 조인트를 금속으로 하느냐에 시선을 옮길 차례다. 온도가 올라가면 금속은 일정한 비율로 부피가 팽창한다. 한마디로 예측 가능하다는 소리다. 하지만 사람들의 태도는 한결 같지 않다. 만약 온도 변화에 따른 변량을 예측하기 힘들다면 신뢰를 가지고 사용하기 힘들 것이다. 이런 점에서 금속은 다른 재료에 비해

누구의 법칙인 거야?

압력(P)이 일정할 때 일정한 양의 (이상)기체가 차지하는 부피(V)는 절대 온도(T)에 비례한다는 것이 샤를의 법칙이다. 쉽게 말해 일정한 압력에서 기체의 온도를 높이면 부피가 증가하고 온도를 낮추면 부피는 감소한다.

$$\frac{T}{V} = k \quad \text{(k: 상수 값)}$$

기체의 온도와 부피의 관계를 나타내는 이 법칙은 1802년 프랑스의 수학자이자 물리학자인 게이 뤼삭Joseph Louis Gay-Lussac, 1778~1850이 완성했다. 그러나 이 법칙이 '샤를의 법칙'이라 불리는 이유는 1787년경 뤼삭에 앞서 샤를Jacques Alexandre Cesar Charles, 1746~1823이 선행 연구를 했기 때문이다. 그렇지만 '모든 액체는 탄성이 있어 열에 의해 같은 분량을 팽창시킨다'라는 연구의 핵심 내용은 돌턴John Dalton, 1766~1844이 주장한 것이었다.

◀··· **샤를의 법칙에 함께 업적을 남긴**
   샤를, 게이 뤼삭, 돌턴

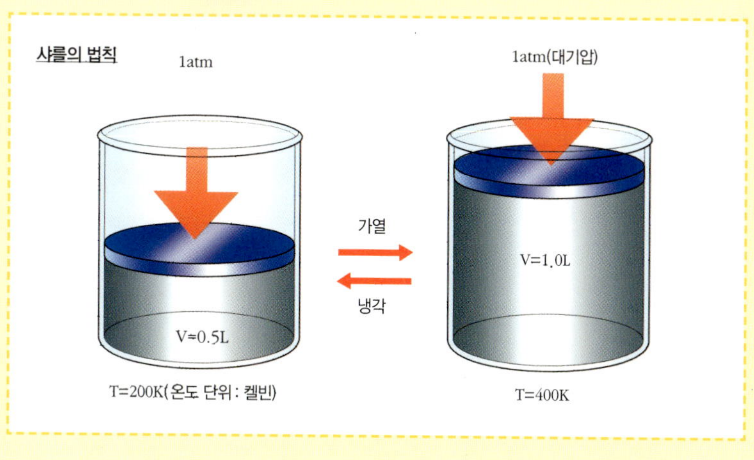

윌 슨 의 안 개 상 자

스코틀랜드의 물리학자 CTR 윌슨Charles Thomson Rees Wilson, 1869~1959은 안개 상자cloud chamber를 만들어 원자들의 이동 경로를 발견해 낸 사람이다. 그는 이 장치로 1960년에 노벨상을 받았으며, 그가 고안한 장치 덕분에 구름의 생성 과정을 직접 볼 수 있게 되었다. 이 장치의 원리는 수증기를 함유한 공기를 단열 팽창시켜 과포화 상태로 만들어 안개를 생성시키는 것이다. 내부를 보면 우묵한 원통형 피스톤이 있고, 중간에 밸브가 달린 빈 플라스크에 연결되어 있다. 작동 원리는 우선 밸브가 열리면, 우묵한 관 안의 피스톤 상부의 압력이 떨어지고, 내부에 있던 입자들의 경로에 따라 수증기가 액화되면서 피스톤은 빠르게 아래로 내려가도록 되어 있다.

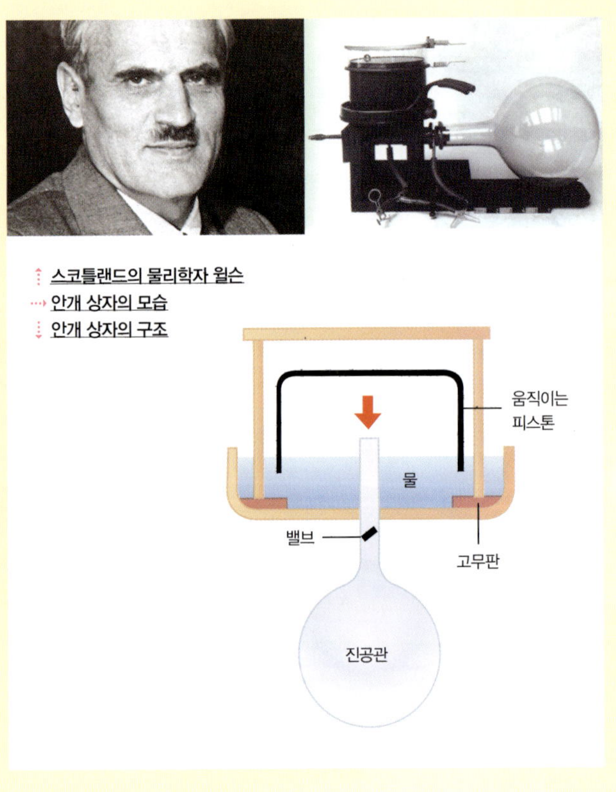

↑ 스코틀랜드의 물리학자 윌슨
⋯▶ 안개 상자의 모습
⋮ 안개 상자의 구조

강직함(내구성)이 뛰어난데다가 예측이 가능한 범위 내에서 변화하기 때문에 팽창 조인트로 사용하기에 안성맞춤인 것이다. 보통 철의 경우 100도 상승할 때마다 미터당 약 1밀리미터씩 팽창한다.

친구들도 내적으로나 외적으로 스트레스를 받는 일이 많을 것이다. 종종 자신이나 친구들 간에 생긴 균열로 불화가 발생하는 경우도 있다. 개성을 지닌 사람들 사이의 균열은 최소화할 수는 있지만 막을 수는 없다. 그래서 건축가들은 치명적 균열을 막기 위해 원하는 형상으로 균열을 유도하기도 하고, 또 길이가 긴 건물^{보통 100미터 기준}은 팽창에 따른 여지를 미리 남겨 이격^{기준은 여름의 최고 온도와 겨울의 최저 온도를 모두 고려하여} 사이에 신축 줄눈을 설계한다. 그래서 말인데 친구들에게 아주 좋은 제안을 한다. 주변 사람들과 크랙 방지 줄눈 하나 정도는 설치하라고 말이다. 당연히 설치 기준은 냉정과 열정 사이다.

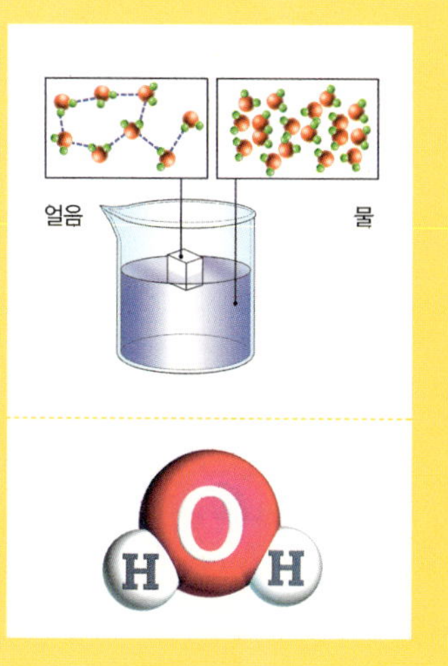

퀴즈 정답 : 얼음

보통 열을 얻은 물체는 부피가 늘어나지만 얼음만은 유독 열을 얻으면 물이 되어 부피가 줄어든다. 얼음은 온도가 올라가면 수소 간의 연결 스프링을 당겨 거리를 좁힌다. 이때 '결합력이 강해졌다' 거나 '밀도가 높아졌다' 는 표현을 쓰는 것이다. 반대로 물은 온도가 낮아지면 수소의 결합력이 느슨해지면서 얼음 결정을 만든다. 즉 얼음보다 물의 밀도가 높다는 이야기다. 때문에 얼음이 물에 뜨는 것이다.

↑ **얼음과 물의 분자 간 결합 구조**
↓ **물의 분자 구조**

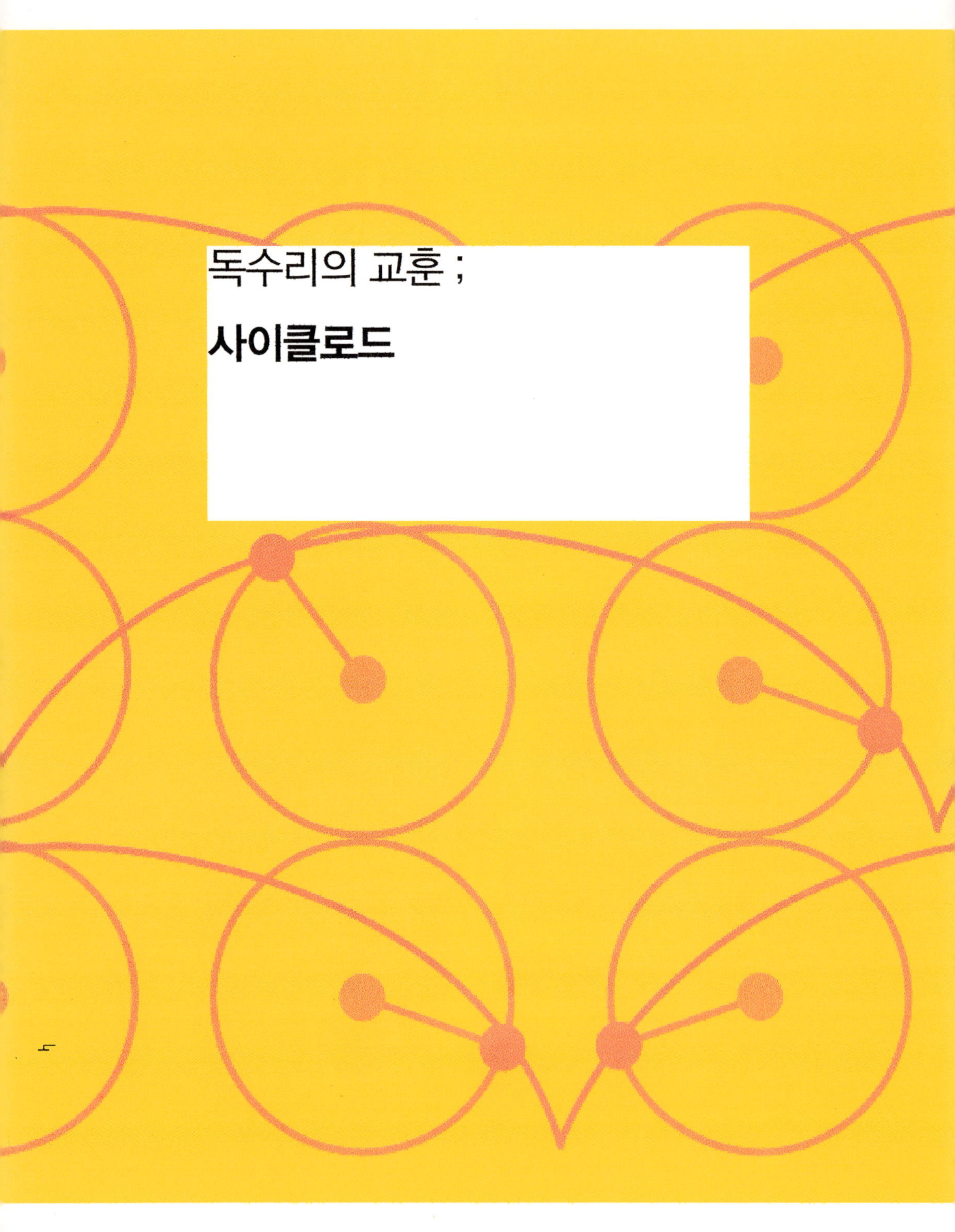

독수리의 교훈 ;

사이클로드

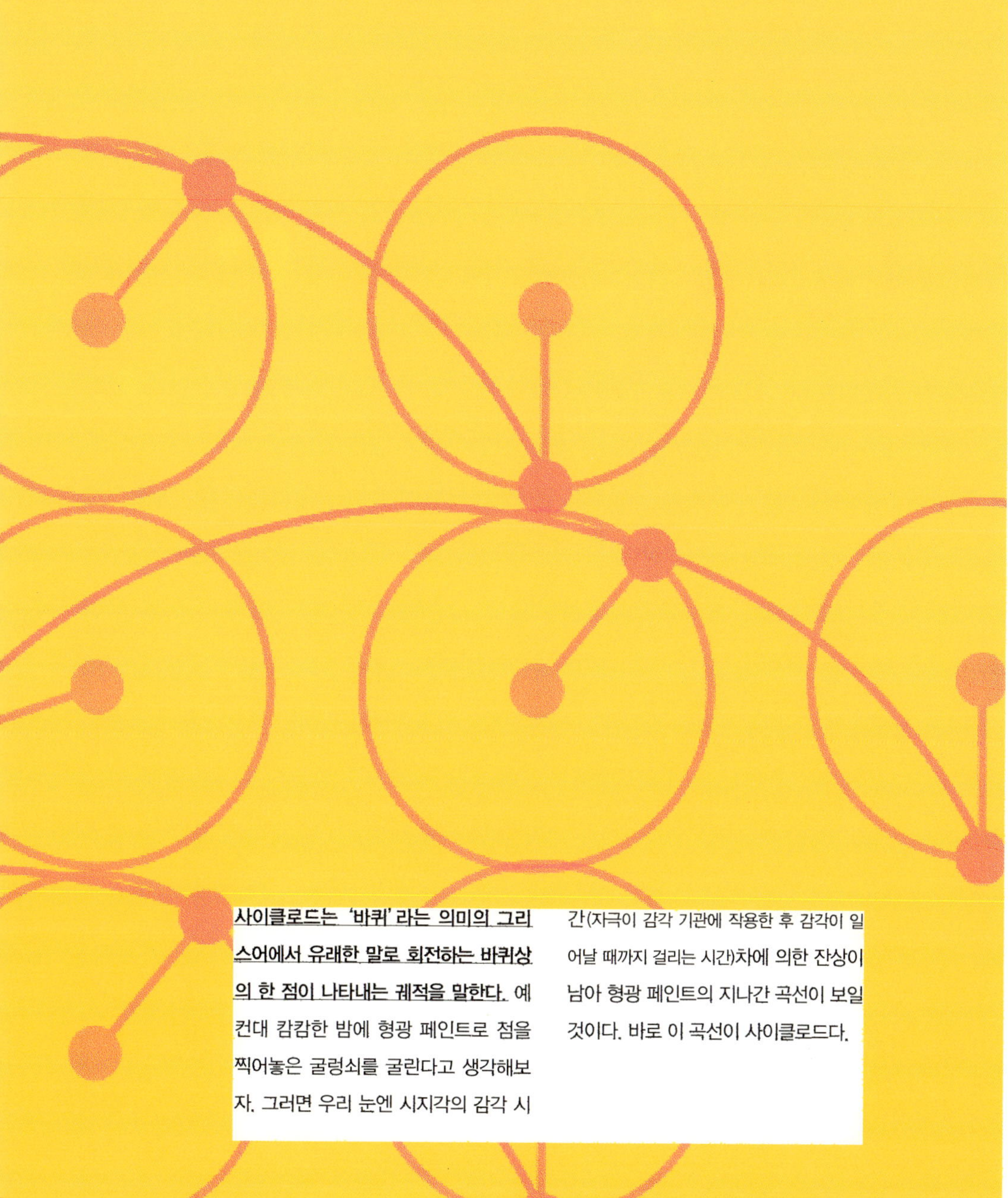

사이클로드는 '바퀴'라는 의미의 그리스어에서 유래한 말로 회전하는 바퀴상의 한 점이 나타내는 궤적을 말한다. 예컨대 캄캄한 밤에 형광 페인트로 점을 찍어놓은 굴렁쇠를 굴린다고 생각해보자. 그러면 우리 눈엔 시지각의 감각 시간(자극이 감각 기관에 작용한 후 감각이 일어날 때까지 걸리는 시간)차에 의한 잔상이 남아 형광 페인트의 지나간 곡선이 보일 것이다. 바로 이 곡선이 사이클로드다.

있었다. 하루는 학교 수업을 끝내고 집으로 돌아가려는데, 운동장에 있던 세 친구가 파스칼을 불렀다.

"야, 이거 누구야? 약골 파스칼 아니신가?"

친구들은 파스칼을 거저 보낼 수 없다는 심산이었다. 어떻게든 위기를 모면해야 했던 파스칼은 친구들에게 도전장을 내밀었다.

"저기, 우리 내기하자."

"내기?"

"그래, 공 굴리기 내기를 해서 내가 이기면 다시는 날 놀리지 마라."

"힘쓰는 거라면 자신있지. 그래, 한번 해보자."

"자, 여기에 직선·곡선·포물선·사이클로드^{cycloid} 곡선의 판들이 있어. 이 판 중 하나를 골라봐. 물론 가장 먼저 공이 도착하는 판을 선택한 사람이 이기는 거고."

이 내기의 승리자는 누구였을까? 눈치 빠른 친구들은 파스칼임을 알아챘을 것이다. 하지만 패배를 인정하지 않은 비겁한 세 친구는 친구들 사이에서 비겁자로 낙인이 찍혔고, 그로 인해 파스칼은 더욱 괴롭힘을 당했다. 이 상황을 지켜보던 선생님은 "또 그 곡선이 싸움을 부추겼군. 역시 헬렌다워"라고 말씀하셨다(P. 181 참조).

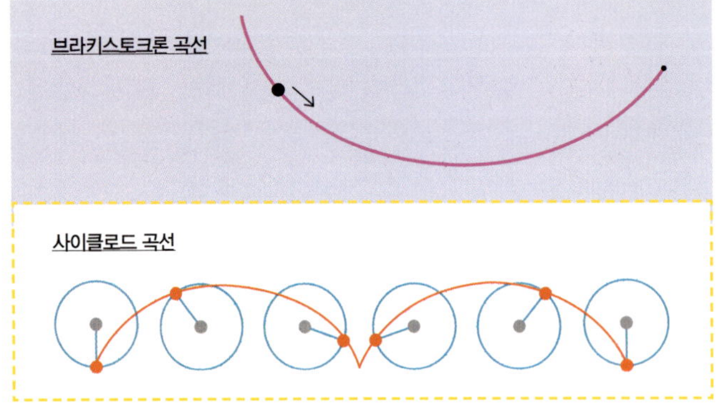

자, 그렇다면 파스칼은 어떤 판을 선택했을까? 대답에 앞서 친구들이라면 어느 판을 택했겠는가? 직선이 가장 빠를 것 같다고? 대

최고 속력을 위해 사이클로드 곡선과 유사하
게 하강하는 독수리 ⓒ 토픽 포토 에이전시

프랑스의 수학자이자 물리학자이자 종교철학자이며 작가인 블레이즈 파스칼Blaise Pascal, 1623~1662은 어려서부터 학문에 남다른 재주가 있어 똑똑한 아이로 칭찬이 자자했다. 특히 수학 분야에서는 신동이라고 불릴 정도로 뛰어났다. 어머니를 일찍이 여읜 것만 빼고는 화목한 가정에서 성장한 그의 유일한 걱정은 남달리 몸이 약하다는 것이었으며, 언제나 소소한 병을 달고 살았다. 그러던 어느 날 이번에는 치통에 시달려야 했다. 치통을 겪어본 사람은 알 것이다. 약으로써 간단히 통증이 무릎꿇지 않는다는 것을. 그렇다면 어떻게 해야 할까? '혹시 이렇게 아프다가 이를 모두 뽑기라도 해야 한다면 어떻게 할까?' 하고 걱정만 하고 있을 것이다. 하지만 그는 걱정만 하는 대신 통증을 잊기 위해 관심을 돌리기로 작정했다. 일부러 평소에 잘 풀리지 않던 사이클로드 수학 문제에 몰두하면서 치통을 달랜 것이다.

↑ 특히 수학 분야에 뛰어난 파스칼

부분 그렇게 생각하기 쉬운데, 파스칼이 선택한 선은 사이클로드 곡선이었다. 정확하게 말하면 사이클로드 곡선을 뒤집어놓은 형태의 곡선인 브라키스토크론 곡선brachistochrone curve이다. 이 곡선은 중력 상태에서 물체가 가장 빠르게 이동할 수 있는 경로다. 이는 수학자들과 물리학자들의 끊임없는 노력으로 증명된 사실이지만 자연은 이미 알고 있었다. 그래서 과학자들이 난관에 봉착하면 그 해답을 얻기 위해 자연으로 눈을 돌리나 보다. 독수리의 경우 비행하다 땅 위의 먹이를 발견하면 먹이를 잡기 위해 급강하하는데, 이때 그리는 하강선은 직선이 아닌 사이클로드 곡선과 유사하다. 독수리는 무의식적으로 사이클로드 곡선이 가장 빠르다는 걸 알고 있는 셈이다. 이와 관련해 우리 선조의 지혜 또한 놀랍다. 이 곡선을 지붕 처마선에 사용하여 아름다운 건축을 만들어냈을 뿐 아니라, 기와 골의 빗물이 빠르게 아래로 내려가 도록 했다. 그 덕분에 목조 건물의 내구성도 보장받은 것이니 실로 감탄할 만하다.

도대체 사이클로드가 뭐기에?

사이클로드는 '바퀴'라는 의미의 그리스어에서 유래한 말로 회전하는 바퀴상의 한 점이 나타내는 궤적을 말한다. 예컨대 캄캄한 밤에 형광 페인트 로 점을 찍어놓은 굴렁쇠를 굴린다고 생각해보자. 그러면 우리 눈엔 시지각 의 감각 시간(자극이 감각 기관에 작용한 후 감각이 일어날 때까지 걸리는 시간)차 에 의한 잔상이 남아 형광 페인트의 지나간 곡선이 보일 것이다. 바로 이 곡 선이 사이클로드다.

이 곡선에 처음으로 관심을 보이며 연구한 사람은 철학자이자 수학자이 며 천문학자인 독일의 니콜라우스[Nicholas of Cusa, 1401~1464] 추기경이었다. 이후에 는 프랑스의 신학자이자 철학자이며 수학자이자 음악이론가인 메르센[Marin Mersenne, 1588~1648]이 연구했으나, 정작 이 곡선을 사이클로드라고 이름 붙인 것 은 1599년 갈릴레오[Galileo, 1564~1642]였다. 그 후 1634년에 프랑스의 수학자 로

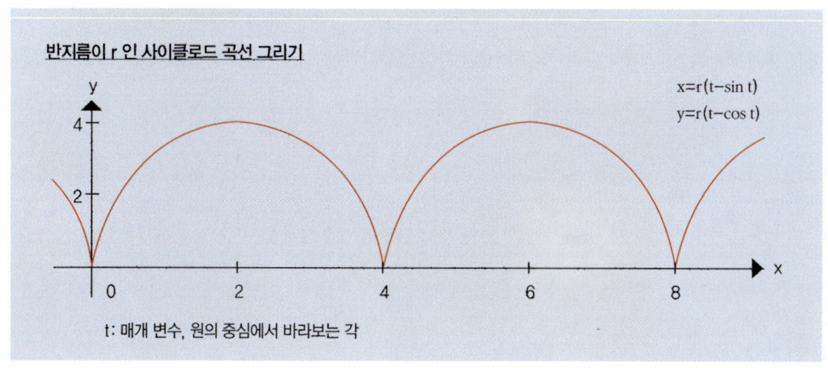

베르발G.P.de Roberval, 1602~1675이 사이클로드의 면적이 최초 원 면적의 세 배라는 것을 밝혀냈고, 1658년에는 영국의 건축가인 크리스토퍼 렌Christopher Wren, 1632~1723 경이 사이클로드의 둘레는 이를 구성하는 애초 원 둘레의 네 배라는 것을 세상에 알렸다.

이후 17세기 수학자들 사이에서도 이 곡선을 두고 갑론을박 의견이 분분하여 싸움이 잦아졌고 이런 까닭으로 트로이 전쟁의 화근이었던 헬렌의 이름을 따 '기하학의 헬렌The Helen of geometry'이라 불리기 시작했다. 이러한 논쟁에 수학자들이 휘말린 이유에는 두 가지 퀴즈가 한몫을 했다. 브라키스토크론 문제brachistochrone problem와 타우토크론 문제tautochrone problem인데, 스위스의 수학자인 장 베르누이Johann Bernoulli, 1667~1748가 1696년에 유럽의 물리학자들에게 낸 문제였다.

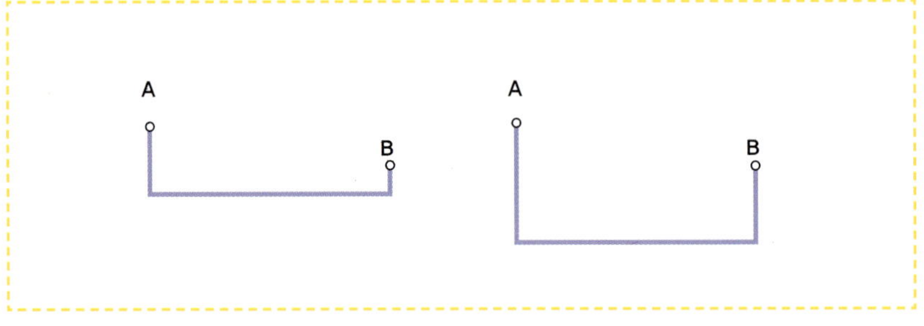

수학 문제는 곧 국어 문제이기도 하다. 무엇을 해결하라는 것인지 정확하게 이해한다면 거의 푼 것과 다름없으니까. 그런 의미에서 브라키스토크론이란 단어부터 살펴보자. 이 단어는 그리스어의 '가장 짧은'을 뜻하는 brachistos와 '때' 혹은 '시간이 걸리다'란 의미의 chronos가 결합한 합성어다. 결국 '가장 짧게 걸리는 시간'을 묻는 문제인 것이다. 뭐 하는 데 가장 짧은 시간이냐고? 높이와 거리차가 있는 A·B 사이의 가장 빠른 경로를 의미한다.

↑ 렌 경이 설계한 영국의 세인트폴 대성당 (1675~1711). 1666년 런던 대화재로 완전히 소실된 옛 세인트폴 대성당을 대신해 렌 경이 바로크 양식으로 설계했다
··· 크리스토퍼 렌 경

이 문제를 수학적으로 처음 입증한 사람들은 베르누이의 정리로 유명한 야곱 베르누이^{Jakob Bernoulli, 1654-1705}와 장 베르누이 형제였다. 아르키메데스가 중력(인력)과 지레의 원리를 순수 기하학적 방법론으로 유추한 것에 반해, 그는 전혀 무관해 보이는 빛의 굴절로 중력의 문제를 해결하면서 답을 제시했고, 이로 인해 사이클로드는 '최단 하강 곡선'이라는 첫 번째 물리적 특성을 입증받았다. 이 같은 특성은 속도를 요하는 스포츠에 응용되었고 스키 점프대나 자전거 경륜장^{velodrome} 등의 곡선에 충실하게 반영되어 설계되었다.

그런데 어떻게 직선보다 사이클로드 곡선이 빠른 것일까? 복잡한 수학식 계산은 필자의 한계도 있으려니와 친구들도 머리 아플 테니 생략하기로 하고 간단하게 개념만 설명하면, 키워드는 (중력)가속도에 있다. 사이클로드 곡선은 직선보다 길이라는 측면에서는 분명히 길다. 하지만 직선보다 사이클로드 위의 각 지점은 (중력)가속도에 의해 속도가 더욱 빠르게 증가한다. 결국 직선보다 더 빠른 시간에 도착할 수 있는 것이다.

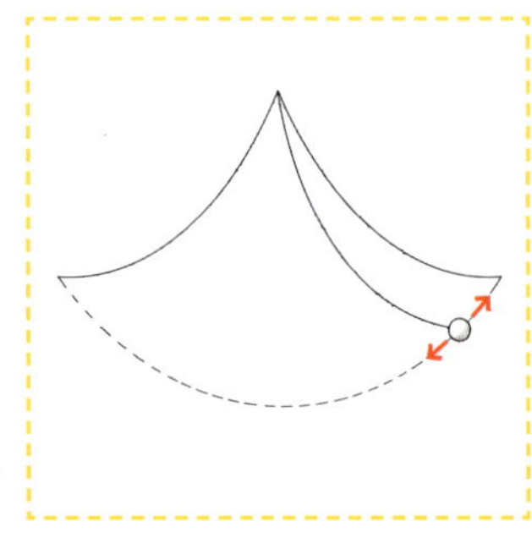

↑ 등시 곡선을 보이는 추의 진동

다음은 '타우토크론 문제'에 관해 알아볼 차례인데, 우선 문제의 요지를 살펴보자. 왈패 거북이와 토끼가 산마루에서 산 아래 바닥까지 구르기 시합을 하기로 결정한다. 왈패 거북이가 토끼에게 "야, 토끼! 넌 빠르니까 산마루 근처에서 출발해, 알았지? 난 좀 아래에서 출발할 테니"라고 말한다. 속으로 거북이는 득의양양했을 거다. 하지만 어찌된 일인지 거북이와 토끼의 도착 시간은 똑같았다. 어떻게 이런 일이 가능할 수 있었을까? '타우토크론 문제'는 바로 여기에 있다. 즉 어떤 점에서 출발하더라도 정점에 도달하는 데 걸리는 시간이 동일한 곡선이 존재하느냐에 관한 문제인 것이다.

헬 렌 은   누 구 ?

국가나 민족을 막론하고 신화에 등장하는 영웅은 신과 인간 사이에서 태어난다. 「니벨룽의 반지」의 지그프리트가 그렇고, 트로이 전쟁의 영웅 아킬레스 또한 그러하다. 그런가 하면 모든 전쟁의 핵심에는 여인이 등장한다. 트로이 목마로 유명한 트로이 전쟁에도 한 여인이 중심에 있었으니, 그녀의 이름은 헬렌이었다.

트로이 전쟁의 시작은 아킬레스 부모의 결혼에서 시작되었다. 그리스 신화에는 테살리아의 프티아라는 국가가 등장하는데, 이 국가의 국왕이었던 펠레우스Peleus와 바다의 여신인 테티스Thetis의 결혼식에 초대받지 못한 분쟁과 불화不和의 여신 에리스Eris는 노기충천하여 누구라도 탐낼 만한 황금 사과를 연회 테이블에 던져놓는다(이는 마치 『잠자는 숲속의 공주』의 시작과 비슷한데, 이를 모티프로 했을지도 모를 일이다). 이때 이 사과를 서로 가지려고 싸우는 세 여신이 있었으니, 제우스 신의 아내인 헤라·아테나·아프로디테였다. 세 여신들은 제우스에게 판단을 부탁했다. 그러나 바람둥이 제우스는 누구의 편도 들을 수 없었다.

제우스는 하는 수 없이 신들의 사자使者인 헤르메스Hermes를 당시 가장 아름다운 남자라고 평가받던, 트로이의 왕자 파리스Paris에게 보내 판관 역할을 대신할 것을 청했다. 파리스는 이를 수락했다. 이에 세 여신들은 파리스에게 뇌물 공세를 했는데, 헤라는 강력한 힘을, 아테나는 무한한 부를, 아프로디테는 이 세상에서 가장 아름다운 여성을 그에게 약속했다. 파리스는 아프로디테의 제안을 받아들여 황금 사과는 아프로디테의 차지가 되었고, 파리스는 아프로디테에게 당시 스파르타의 왕 메넬라오스Menelaus의 아내인 헬렌Helen을 요구했다. 파리스와 약속한 아프로디테는 헬렌이 그를 사랑하게끔 만들었다.

그 후 파리스는 헬렌을 데리러 스파르타로 출정했다. 파리스에게는 카산드라Cassandra와 헬레노스Helenus라는 쌍둥이 예언자 누이가 있었는데, 이중 헬레노스는 트로이 왕국의 멸망을 예감하고, 어머니인 트로이의 왕비 헤카베Hecuba에게 파리스의 출정을 종용할 것을 요구했다. 그러나 파리스는 고집스레 스파르타로 떠났다. 스파르타의 왕은 이 사실을 모른 채 찾아온 파리스를 융숭히 대접했고, 장례식에 다녀오기 위해 스파르타를 떠났다. 그 사이 파리스는 스파르타 왕의 재산을 약탈하고, 기꺼이 따라나선 헬렌을 데리고 트로이로 돌아와 결혼했다.

곧 자신의 재산과 아내를 찾으러 나선 메넬라오스의 군대와 10년간 전쟁을 치른 끝에 스파르타의 영웅 아킬레스에 의해 BC 1200년에 트로이는 멸망했다.

사실 아킬레우스의 부모는 그를 전쟁터에 내보내지 않으려고 여장女裝을 시켜 스키로스의 왕 리코메데스의 딸들 틈에 숨겼으나, 그가 없이는 트로이를 함락시킬 수 없다는 예언을 듣고 찾아온 오디세우스에게 발각되었다. 오디세우스는 어떻게 아킬레우스를 찾을 수 있었을까? 오디세우스는 여자 아이들이 좋아할 물건들 속에 무기를 섞어놓았고, 사내였던 아킬레우스는 당연히 무기를 집었다. 할 수 없이 출정한 아킬레우스를 위해 테티스는 시종 그리스군의 편을 들었고 결국 전쟁은 스파르타의 승리로 돌아갔다.

커피 전문점 '스타벅스'란 이름은 어디서 나왔을까?

친구들은 소설 『백경』에 등장하는 포경선 '피쿼드호Pequod'의 일등 항해사 이름이 '스타벅 starbuck' 이었다는 사실은 잘 몰랐을 것이다. 그는 강박적으로 모디-딕을 사냥하려는 에이하브 Ahab 선장의 광기를 잠재우려 하면서도 선장에 대한 충성심을 잃지 않은 인물로, 그의 이름을 따서 커피 전문점 이름으로 정한 것이다.

갈 릴 레 이 와 진 자 의 등 시 성

난 억울하오! '진자의 등시성'은 내가 먼저 밝혀낸 거요. 이것을 보시오! 다들 나의 일화를 기억하지 못한다는 거요?

갈릴레이는 583년 성당에서 예배를 드리던 중 천장에 매달린 등(진자)의 흔들림 주기가 진폭에 상관 없이 일정하다는 '진자의 등시성'을 발견했다. 그러나 그는 '(원)호'에서 움직이는 진자의 주기가 진폭과 관계없이 똑같다고 주장했다. 당시 실험은 시계로 흔들리는 진자의 움직임을 측정했을 텐데 그때 시계가 요즈음 같은 정밀한 시계였다면 아마 오차가 있음이 여실히 드러났을 것이다. 갈릴레이가 주장하셨던 등시성isochronism은 진자의 진폭이 매우 작을 경우에는 성립하지만 진폭이 커지면 주기도 증가하기 때문에 호를 움직이는 진자로는 엄격한 의미의 등시성을 설명하기에 미흡했던 것이다. 후학들은 연구를 더 진행해 사이클로드를 발견했다. 그러나 갈릴레이가 진자의 등시성을 최초로 언급하신 것만은 모든 후세인들이 인정하는 사실이다.

갈릴레오의 진자의 등시성 개념

이 문제는 네덜란드의 물리학자 호이겐스^{Huygens}가 1673년 「시계의 진동 Horologium oscillatorium」을 통해 처음으로 풀이를 소개했다. 이로써 사이클로드(진자)는 진폭에 상관없이 일정한 주기를 갖는 '등시 곡선^{tautochrone}'이라는 두 번째 물리적 특성을 입증받았다. 그리고 178년 후, 호이겐스의 연구는 소설에서 상황을 묘사하는 데 중요한 소재로도 사용되었다. 여러분도 익히 알고 있는 1851년 멜빌^{Melville}의 소설 『백경^{Moby Dick}』에 등장한 것이다.

아, 한 친구가 그 소설을 읽었는데, 그런 내용은 없었다고 항의하는 모양이군요. 정말 확신할 수 있나요? 자, 그럼 소설 속으로 들어가봅시다.

고래 기름 정제용 냄비^{try-pot, 보통은 '기름솥'이라고 번역됨}

……피쿼드호의 좌현에 있는 기름솥에서 동석凍石^{soapstone, 비누 비슷한 부드러운 촉감의 활석덩어리}이 쉴새없이 나의 주위를 돌고 있을 때, 나는 처음으로 아무도 모를 놀라운 사실에 눈이 번쩍 뜨였다. 그것은 기하학에서 사이클로드를 이루며 움직이는 온갖 물체(나의 동석도 마찬가지로)는 어떤 점에서 출발해도 정확하게 똑같은 시간에 낙하한다는 것이다…….

이 소설에서 멜빌은 마치 자신이 호이겐스가 된 듯 묘사해내고 있다.

친구들은 번지점프를 해본 경험이 있는가? 어차피 뛰어내릴 결심을 하고 높은 곳에 오른 것이니 멋지게 스릴을 만끽해야 제맛이다. 이제 세상에서 가장 스릴 있는 곡선이 무엇인지 알았으니 새처럼 날아 사이클로드 곡선으로 뛰어내려보자. 자, 번지. 시작!

땅은 알고 있다 ;

지표 변화

이와 같은 땅의 본모습에 대해 일찍이 우리 선조들은 잘 알고 있었다. 동양 건축에는 판축版築이라는 건물 기초 다짐의 방식이 예전부터 전해져왔다. 혹시 이 책을 읽고 판축이 궁금하시다면 차를 몰고 풍납동으로 달려가보시라. 백제 시대 토성인 풍납토성을 한참 발굴 중일 것이다. 보통 우리는 성城하면 돌로 쌓는 것을 생각하겠지만, 사실 아주 먼 옛날에는 흙으로, 그것도 풍납토성처럼 고운 모래로 성을 쌓는 경우가 많았다. 그런데 웃긴 것은 그 고운 모래의 성이 돌성보다도 더 오랫동안 남아 있다는 사실이다.

이미 수십 번은 훑어본 8층 규모에 높이 56미터, 직경 15미터의 종탑 설계도를 다시 본다. 팔레르모 해전의 대승 기념으로 지을 피사 대성당^{Duomo di Pisa}의 부속 건물(대성당·세례당·종탑)인 종탑 건설 책임자로서 첫 삽을 뜨는 오늘, 나는 습관처럼 하늘을 바라보며 순조로운 공사 진행을 기원한다. 어젯밤 책임감으로 잠을 설친 터라 눈은 붉게 충혈됐지만 하늘은 맑고 푸르다.

보나노 피사노^{Bonanno Pisano}의 공사 일지

↑ 피렌체의 화가이며, 마사치오^{Masaccio}라고 알려진 조반니 디 시모네

1173년 8월 중순

하늘이 도와주는 것 같다. 땅이 물러 기초 작업이 순조롭다. 기초 공사를 위해 지질 조사를 해보니 지층은 3층으로 구성되어 있었다. 첫 번째 층은 두께가 약 10미터이며 모래보다 곱고 진흙보다 거친 침적토층인 실트^{silt}층이고, 두 번째 층은 부드럽고 불안정한 해양진흙층으로 40미터에 이른다. 마지막 최하층은 밀실한 모래층이다.

1173년 9월 어느 날

기초 공사를 위해 땅을 파던 중 지하수를 발견했다. 실트층에서 발견된 지하 수면의 깊이는 약 1~2미터다. 추후 이 때문에 건물에 문제가 생길 것이 예상되나 지금으로서는 어쩔 수 없다.

1174년 겨울

1층 공사 중 돌공사를 담당하던 자가, 자신은 분명히 같은 크기로

잘라 왔는데 맞질 않는다는 것이다. 기초가 미세하게 기울고 있는 듯하여, 석공에게 지어가면서 틈이 맞지 않는 부분을 다듬으며 조정하라고 지시했다. 더 큰 문제가 없어야 할 텐데.

1178년 어느 날

탑이 4층의 4분의 1 정도 올라간 상태다. 공사를 중지했다. 큰일이다. 탑의 기울기가 현저하다. 북쪽으로 약 0.25도 기운 것 같다. 지층이 연약한데다가 지하수 때문에 지표가 불안정한 것이 원인이라는 추측만 할 뿐, 지금으로선 공사를 중단하는 방법밖에 없으리라.

1272년 어느 날

보나노 피사노 선생이 담당하여 공사 중이던 피사의 종탑 공사 책임을 내가 맡았다. 탑이 기울기 시작하고 공사를 중단한 지 벌써 99년이란 시간이 흘렀다. 이 기적의 광장 Campo dei Miracoli 에서 기적을 바랄 뿐이다.

1275년 어느 날

내가 책임을 맡은 지도 3년이 흘렀다. 전임자가 공사를 중단했을 때 건물은 북쪽으로 기울고 있었다. 그래서 나는 건물의 하중과 축을 조금씩 남쪽으로 편중했다. 건물은 조금씩 남쪽으로 기울어 제자리를 잡는 듯하다.

1277년 어느 날

티케^{Tyche, 행운의 여신}의 미소가 보인다. 6층까지 무사히 탑이 올라갔다. 어떤 지질학자는 공사가 중단된 100년 동안 종탑의 무게로 인해 진흙층이 굳어졌기 때문이라고 한다. 어쨌거나 완성까지는 이제 2층만 남겨두었다.

1278년 어느 날

7층이 마무리되어 이젠 종루만 남겨둔 상태인데, 아! 아테^{Ate, 불행의 여신}가 날 찾는구나. 전임자의 공사 일지에 기록되었던 지하수가 말썽이다. 이젠 탑이 남으로 기울고 있다. 기울기도 0.6도에 이른다. 자칫하면 붕괴의 우려가 있어 공사를 중단할 수밖에 없다. 나의 운은 여기까지란 말인가! 괴롭구나.

톰 마 소 피 사 노^{tommaso pisano}의 공 사 일 지

1360년 어느 날

기적의 광장 종탑 공사가 시작된 지 187년이란 시간이 흘렀다. 선임자 조반니 디 시모네 선생의 1차 공사 중단 100년 후, 조반니 디 시모네 선생의 작업이 그나마 순조로웠던 것은 지반이 건물의 하중으로 견고해진 덕이었는데, 그 후 지하수 때문에 2차 중단된 지도 82년이 흘렀으니 건물의 하중에 의해 지반은 더욱 견고해졌으리라. 역사는 이제 나더러 마무리하라고 하는구나.

1365년 어느 날

벌써 5년이 흘렀다. 마지막 종루 공사가 남아 있으나, 처음의 자신

감은 사라진 지 오래다. 건물이 여전히 남쪽으로 기울고 있다. 건물은 중심축에서 1.2미터 가량 벗어나서, 이제는 그 기울기가 1.6도에 이른다. 할 수 없이 종루는 축을 틀어야 할 것 같다.

1366년 어느 날

7층이 마무리되고 종루로 올라가는 계단 공사가 진행 중이다. 당초 종루의 축을 기우는 건물에 대항하여 북쪽으로 틀 것을 계획하니 계단의 휘어지는 부분의 단수가 맞지 않으나 할 수 없다. 결국 북쪽의 계단은 4개로 남쪽의 계단은 6개로 하라고 지시했다.

1368년 어느 날

마지막 종루 공사다. 기우는 탑의 역방향, 즉 북쪽으로 조금 기울어 종루 공사를 마무리하라고 지시했다.

1370년 어느 날

사소한 사고를 제외하면 공사가 순조롭게 마무리되었다. 1173년부터 시작된 종탑이 이제야 완성을 보는구나! 197년의 기나긴 여정이었다. 그러나 공사 책임자로서 현재 1.4미터나 기울어 이 건물이 앞으로 계속 기울 것이라는 자명한 사실 앞에서 마냥 기뻐할 수는 없는 노릇이다. 후임자들에게 큰 숙제를 남기고 손을 떼려니 착잡하기만 하다.

공사 일지는 역사적인 사실을 토대로 상상력을 발휘하여 가지고 재구축한 것이며, 여기에 사용한 연대 중 두꺼운 표기 부분은 기록되어 있는 연대이고 나머지는 저자가 삽입한 부분이다.

영원한 숙제로 남겨진 피사의 탑은 이후 공학자들마다 왜 기울었는지 확실한 원인을 밝히지 못한 채, 현재 기울기를 멈췄나는 공식 발표가 있었다. 단지 추측되는 원인과 해결의 실마리를 제공한 것은 지하수였다는 사실만 알려져 있을 뿐이다.

마치 젠가 jenga, '쌓다, 짓다, 건설하다' 등을 뜻하는 kujenga라는 스와힐리어다를 연상시키는 기적의 광장의 종탑은 보나노 피사노 · 조반니 디 시모네 · 톰마소 피사노 이 세 사람의 팀이 기울어지는 것을 알면서도 고집 때문이었는지 아니면 체면 때문이었는지 무게 중심을 바꾸어가며 나무토막 대신 돌(대리석)을 이용해 2세기 동안 쌓아올린 세기의 역작임에는 틀림없다.

이처럼 당초부터 기울기 시작했던 피사탑과는 달리 최근 기울기 시작한 우리나라의 탑들국보 31호인 경주 첨성대가 북쪽으로 7.2센티미터, 동쪽으로 2.4센티미터 기울어졌고, 불국사에 있는 국보 20호 다보탑(높이 10.4센티미터)과 21호 석가탑(높이 8.2센티미터)이 각각 수직에서 0.6도/10센티미터, 0.9도/12센티미터가 기울었다고 조사됨이 있는데, 기울기 시작한 시점의 차이가 있을 뿐, 학자들은 원인과 해법을 유사하게 찾고 있다.

도대체 뭐가 문제라는 것인가? 문제는 땅이다. 우리가 밟고 있는 땅은 여러분이 아무 생각 없이 안심하고 살아갈 수 있을 만큼 단단하지 않다. 땅은 흙이라는 아주 미세한 입자가 모여서 이루어진 것이기 때문이다.

보통 땅은 토립자와 그 외의 간극 부분, 그러니까 입자와 입자 사이의 공간들로 이루어져 있다. 그 흙과 같은 토립자 사이에는 보통 물과 공기가 들어차 있다. 즉 우리가 땅이라고 말하는 것은 흙과 같은 토립자만 있는 게 아니라 공기와 물이 섞여서 하나의 덩어리로 이루어져 있는 것이다.

믿을 수 없다고? 물론 여러분이 이런 땅의 본모습을 느끼기에는 힘이

◀┈┆ 현재 기울기 시작한 첨성대의 처짐 정도

들 것이다. 당신의 몸무게가 아무리 많이 나간다 해도 걷거나 뛰어도 땅은
충분히 버티어줄 테니까 말이다. 그러나 건물은 다르다. 거기다가 건물은
움직이지도 않는다. 한자리에서 십년, 백년, 천년을 버티어서 땅이 가지고
있는 본모습을 벗겨내고 마는 것이다. 참으로 끈질기게도 말이다.

이와 같은 땅의 본모습에 대해 일찍이 우리 선조들은 잘 알고 있었다.
동양 건축에는 판축版築이라는 건물 기초 다짐의 방식이 예전부터 전해져
왔다. 혹시 이 책을 읽고 판축이 궁금하시다면 차를 몰고 풍납동으로 달려가
보시라. 백제 시대 토성인 풍납토성을 한참 발굴 중일 것이다. 보통 우리는
성城하면 돌로 쌓는 것을 생각하겠지만, 사실 아주 먼 옛날에는 흙으로, 그
것도 풍납토성처럼 고운 모래로 성을 쌓는 경우가 많았다. 그런데 웃긴 것은
그 고운 모래의 성이 돌성보다도 더 오랫동안 남아 있다는 사실이다.

판축은 아주 힘든 작업 중 하나다. 일단 흙, 그것도 아주 입자가 고운 모
래와 그와 유사한 흙들을 깔아놓고서 사람들이 달고를 들고 올라가서 땅이
단단해질 때까지 계속 내리치는 것이다. 그리고 다시 그 위에다가 흙을 깔아
놓고 또 단단해질 때까지 계속 내리친다. 그렇게 되면 토립자 사이의 간극이
좁아지고 마치 벽돌처럼 땅이 단단해진다.

그러나 실제로 판축은 너무나 시간이 많이 드는 일이고, 또 동양 건축의
집들은 지금 현대 건축의 콘크리트 건물같이 무거운 건물이 아니었기에, 기
둥 밑의 땅만 단단하게 만들면 충분히 천년을 이어가는 건물을 만들 수 있었
기에 새롭게 땅을 다지는 방법을 찾아냈다. 그 방법이 바로 입사지정立砂地
定이다.

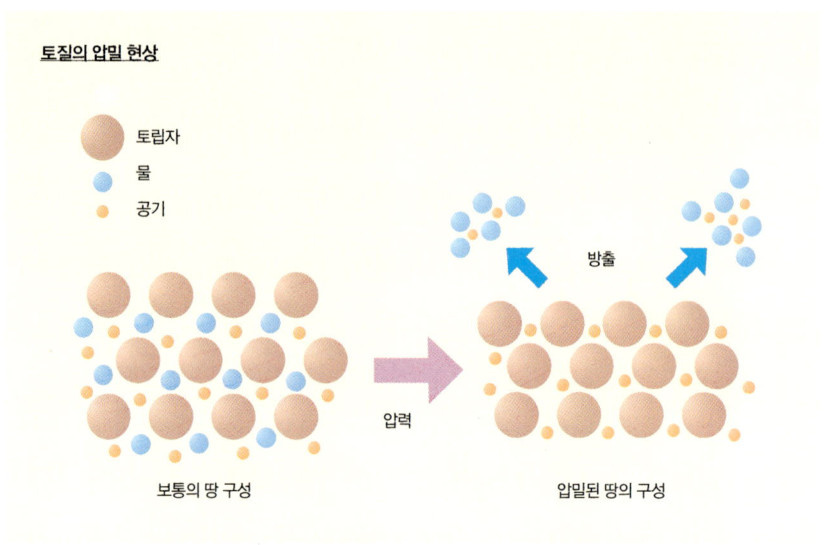

입사지정에는 모래를 사용한다. 언뜻 이해가 가지 않을 것이다. 건물의 기초에 모래를 사용하다니? 그러나 모래는 흙의 종류 중에서 물을 가장 잘 배출한다. 이런 모래의 성질을 이용해서 기초 아래에 모래를 넣고, 그 위에 물을 붓고서 다짐을 하면, 나중에 물이 빠지면서 모래 사이의 간극이 줄어들어 땅이 아주 단단하게 바뀐다. 이런 현상을 토질의 압밀 현상 Consolidation 이라고 한다.

최근에 피사의 사탑이 더 기울지는 것을 막기 위해 그 아래에 드릴로 구멍을 뚫어 파이프를 넣고 모래와 진흙층에서 지하수를 빼는 공사를 했다고 한다. 그 공사 이후로 이제 피사의 사탑이 더 기울어지지 않는다고는 하는데, 글쎄 그거야 아직 모르는 일 아닌가? 처음 피사의 사탑 공사를 맡은 보나노 피사노가 흙의 성질을 제대로만 알았다면 이렇게 후손이 고생하지는 않았을 텐데. 뭐 그래도 기울어진 덕분에 이 탑이 유명해진 것이니까 그런대로 괜찮은 일이라고 치자.

그렇다면 첨성대는? 첨성대를 지은 시기는 어림잡아도 1,300년이 넘는다. 그런데 이제야 조금 기울어졌다면 이 건물을 세운 기술이 정말 놀랍지 않은가? 지금 현대의 콘크리트 건축물 중에도 100년 후 기울어지지 않을 거라고 보장할 만한 것들이 별로 없다. 하긴 콘크리트의 수명이 100년 조금 넘으니까 그때까지 건물이 남아 있을 리도 없겠지만 말이다.

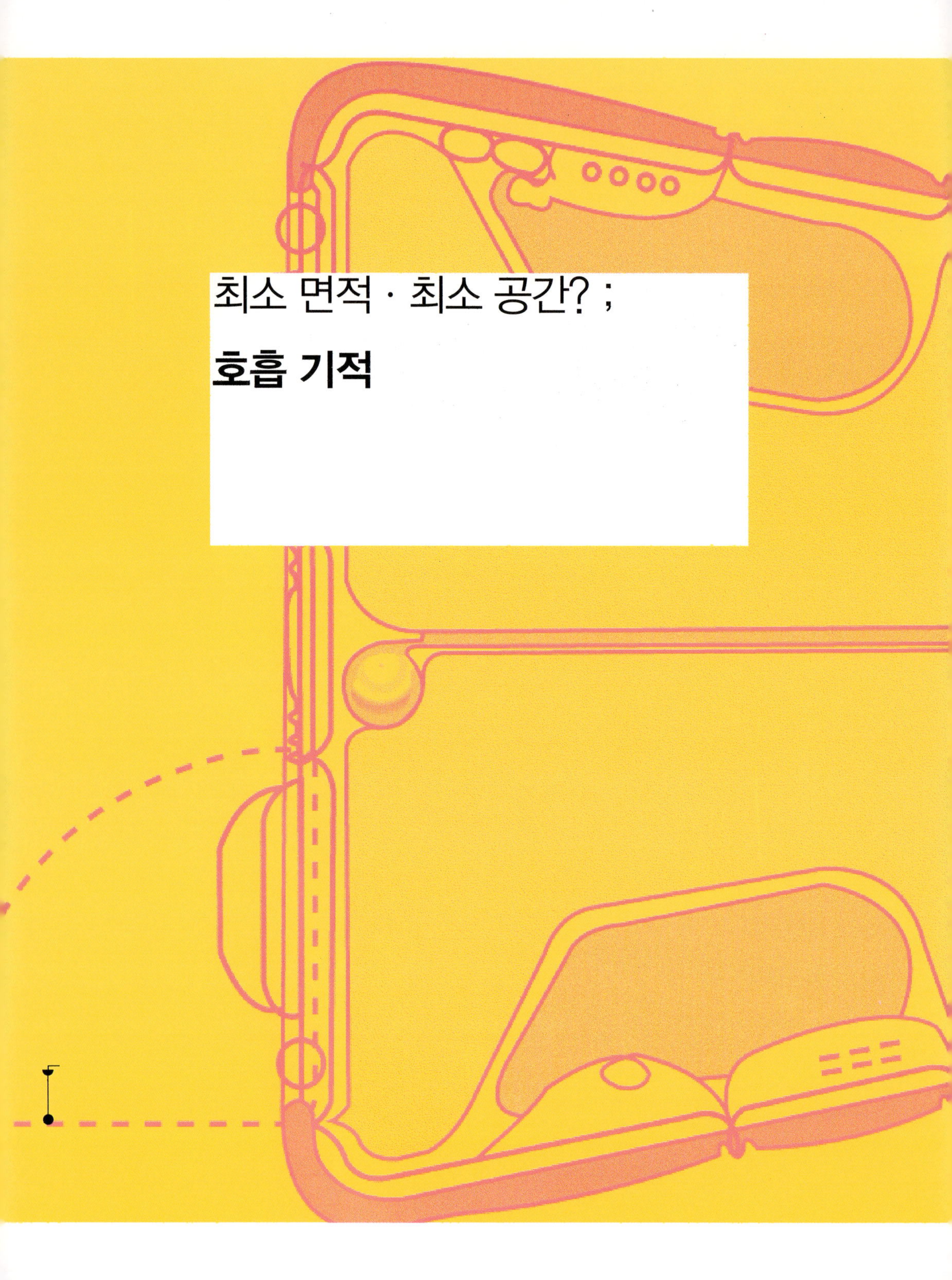

최소 면적·최소 공간? ;

호흡 기적

주거에서 최소 공간의 관심은 1960년대 산업화와 도시의 인구 집중에 따른 도시의 주택난에서 비롯되었다. 도시라는 한정된 공간에 많은 사람들을 수용해야 했으므로 이는 자연스럽게 최소 공간으로서 주거의 고층화를 초래했다. 그래서 최소 공간에 대한 구체적 연구에 따른 여러 가지 공식 데이터가 나오기 전에는 소위 집장사들에 의해 극단화된 양상으로까지 나타나 홍콩의 경우 마치 관을 쌓아올린 것 같은 아파트도 있었다.

한 여자가 컴퓨터를 들고서 푸르른 초원과 도시의 오피스를 순간 이동하듯이 왔다갔다하는 TV 속 광고를 보신 적이 있으십니까? 그렇다면 혹시 '디지털 유목민' 이라는 카피도 기억이 나십니까? 광고는 참으로 재미있다. 그 시대를 반영하는 것은 물론이고 가끔은 이 광고의 카피처럼 미래에 대해 막연한 비전도 던져주니까 말이다. 디지털 유목민, 이것은 절대로 아무렇게나 만들어진 문구가 아니다. 이 글귀에는 문화와 기술과 과학과 함께 건축의 미래상까지도 은근히 깔려 있기 때문이다.

옛날 농사가 천하지대본이라고 일컫던 시대에는 삶의 터전을 떠나는 것은 곧 죽는 것과 다르지 않았다. 그러나 지금은? 직업·환경·경제, 특히 한국에서는 교육 등의 문제로 시도 때도 없이 이사를 다녀야 한다. 도리어 한 집에서 겨우 수십 년만 살아도 뭔가 시대에 떨어지는 사람처럼 몰아붙이는 시대에 살아가고 있는 것이다. 그럼 이와 같은 일이 지금에만 있었을까? 절대 아니다. 농경 시대 이전에는 모두 먹을 것을 찾아 헤매는 유목민이었다. 그 이후에도 서양에서는 현재 유럽 문명의 토대가 되었던 갈리아^{Gallia, 켈트족이라고도 하며, 지금의 프랑스와 벨기에, 서부 독일, 북이탈리아가 이들이 살던 지역이다}와 게르만이, 동양에서는 중국 대륙을 호령했던 여진과 몽고족이 유목 생활을 했다.

정보 기술의 발전은 우리에게 더욱더 떠돌아다니라고 다그치고 있다. 물론 아직까지도 우리는 정착 생활에 미련을 가지고 있지만, 이왕 이렇게 된 거 까짓 더 적극적으로 떠돌아다니는 것도 괜찮지 않을까? 이렇듯 정착하지 못하고 부유하는 현대의 전반적 사회 현상을 노마디즘^{nomadism, 노마드는 '유목민', '유랑자'를 뜻하는 용어이며, 들뢰즈가 『차이와 반복』이라는 저서를 통해 현대 철학에 등장시켰다. 여기서 그는 노마드의 세계를 '시각이 돌아다니는 세계'로 정의한다.}이라고 표현하는데, 여기서 노마디즘이란 원시 유목민들이 그랬던 것처럼 공간적인 이동만을 가리키는 것이 아니라 버려진 불모지를 새로운 생성의 땅으로 바꾸기도 하고, 한자리에 머물며 특정한 가치와 삶의 방식에 매달리지 않고 끊임없이 자신을 바꾸어가는 창조 행위 전체를 가리킨다. 그럼에도 불구하고 유목^{nomad}이라는 의미 자체가 지니는 거주 공간의 이동이 그 근원에 있다는 사실에는 이견이 없을 것이다.

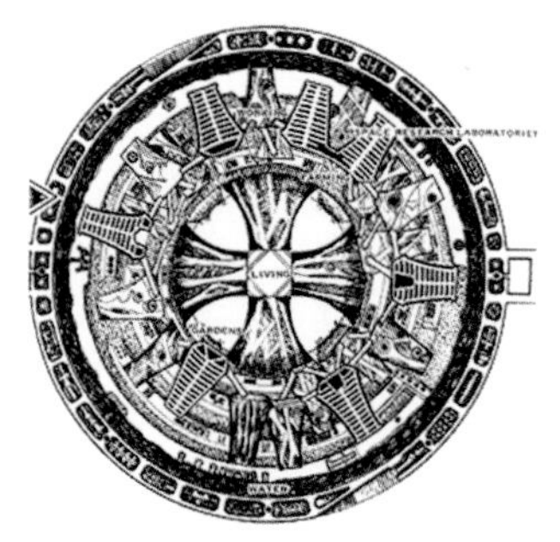

그렇다면 이러한 유목민들의 주거는 어떠해야 할 것인가? 과거에는 이슬을 막아주는 천 한조각이면 충분했을지 모르지만, 수도꼭지만 틀면 언제나 뜨거운 물이 나오고, 에어컨디셔너에 길들여진 우리에게 파오(包)^{몽골족의 이동식 집. 게르Ger 라고도 한다}에서 살라고 하면 되겠는가? 그래서 이미 기정사실화되어버린 새로운 유목 문명 시대의 도래에 발맞춰 건축가들은 수많은 아이디어를 내놓는다. 그러나 이 일은 마치 시지프스^{Sisyphus}의 돌을 연상시키는 일종의 형벌과도 같아, 건축가들이 미래라는 산등성이를 향해 미래 주거라는 바위를 굴리면 그 바위는 어느새 현재라는 시점으로 굴러떨어진다. 그러면 건축가들은 또 미래를 향해 바위를 굴린다. 어제도, 오늘도, 내일도……. 게다가 이 바위를 굴리는 방식에 정해진 틀이 있는 것이 아니어서 건축가들마다 다양

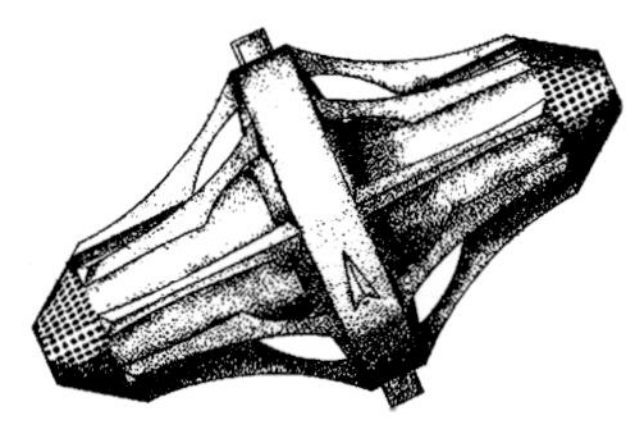

한 주관을 가지고 돌을 굴린다. "지구는 인류 문명의 요람이다. 그러나 사람은 언제까지나 요람에 머물 수 없다"는 콘스탄틴 치올코프스키의 말처럼 아예 우주에 집을, 그것도 움직이는 집을 짓자는 파울로 솔레리^{paolo soleri} 같은 건축가들도 있으며, 1964년에는 마치 미야자키 하야오 감독의 애니메이션 《하울의 움직이는 성》처럼, 도시에 다리를 달아 이동시키자는 유토피아적

건 축 가   롱 서 자 의   설 계   도 서

1. 사용 인원: 6명

동서쪽: 바둑을 두는 두 사람

남쪽: 주인

북쪽: 주인에 응할 한 사람

모서리: 거문고 타는 사람과 노래

부르는 사람

2. 기준 치수: 1인당 4평방척

3. 부속 공간: 거문고 둘 공간(거문

고를 탈 때는 사람의 무릎에 반쯤 올려놓

고, 타지 않을 때는 난간 위에 반쯤 세워

둔다): 2평방척

바둑판 놓아둘 공간: 4평방척

술단지, 술병, 소반, 기명 등을 놓아

둘 공간: 2평방척

4. 출입 공간: 4평방척

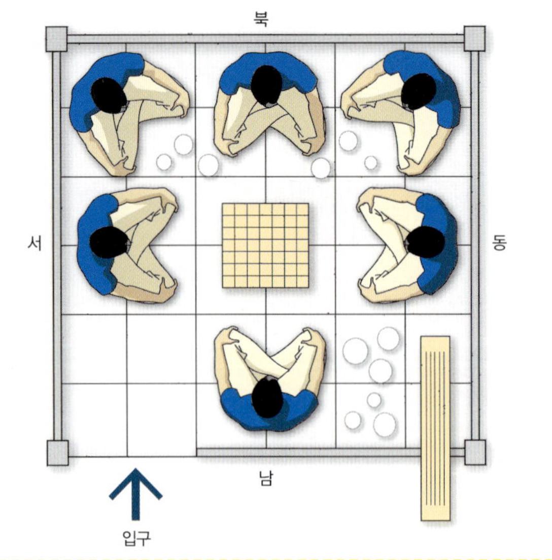

석창원에 복원된 사륜정의 모습
사륜정의 평면: 생리적 최소 공간

사고를 펼친 건축 단체 아키그램^{archigram}의 론 해론^{Ron Herron}이 걸어다니는 도시^{walking city}로 구체화시킨 적도 있었다.

움직이는 집이라? 이러한 개념은 우리나라에서도 일찍이 구체화된 적이 있었다. 고려 시대 문신이었던 이규보李奎報^{1168~1241} 선생은 1119년과 1201년에 걸쳐 그의 계획안을 실현하고 싶었으나, 한번은 임지가 바뀌는 바람에 또 한번은 어머님이 돌아가시자 꿈을 접고, 나중에 기회가 닿으면 지으려고 아이디어를 기록해뒀는데 그 책이 『사륜정기』다. 『사륜정기』란 바퀴를 단 정자에 관한 기록서인데, 그가 이렇듯 기발한 상상력을 발휘해야 했던 이유는 무엇이었을까? 이유인즉 정자란 경치 좋고 물 좋은 곳에 둬야 하는데, 세상에 돌아다니면 이러한 장소가 너무 많고, 이 장소마다 모두 정자를 짓는 것도 불가능하니, 아예 정자에 바퀴를 달아 끌고 다니는 게 어떠냐는 것이다. 이 사륜정은 앞에 소개한 움직이는 집과 크게 다른 점이 있다. 전술한 움직이는 집은 건축가가 본 미래의 이러한 집, 혹은 도시의 모습일지도 모른다. 즉 이럴 수도 아닐 수도 있다는 가상적 아이디어인 반면 사륜정은 이규보 자신이 직접 실현하고자 했다. 그러므로 『사륜정기』는 구체적 설계서 역할을 하고 있다.

그런데 한 가지 재미있는 것은 『사륜정기』가 제시하고 있는 최소 면적에 대한 개념이다. 잘 움직이기 위해서 사륜정은 꼭 필요한 면적만 취하고 있다. 비록 사륜정과는 다를 수도 있겠지만 떠돌아다녀야 하는 유목민의 거주 규모도 최소 단위일 수밖에 없다. 그런 의미에서 보자면 롱서자隴西子^{이 책에서 이규보 자신을 칭하는 말이다}는 우리 선조이기는 하지만 정말 천재라고 추켜세우는 것이 부끄럽지 않다. 그 옛날에 벌써 최소 면적과 공간의 중요성을 깨우쳤으니

 최소 면적 · 최소 공간? ; **호흡 기적**

까 말이다. 그렇다면 여기서 롱서자가 생각한 최소 면적은 어떠했는지, 또한 왜 그러한 치수를 사용했으며, 현대적 최소 개념과 어떠한 차이가 있는지 등을 알아보자.

우선 롱서자는 1척을 기본 설계 단위^{Module}로 하여, 가로·세로 약 6척(1.8×1.8미터)을 정자의 최소 공간으로 사용하고 있는데, 왜 6척일까? 이 치수는 **사람의 키**를 기준으로 한 것인데, 흥미로운 것은 이 치수가 지금도 사용되는 1평의 크기인 3.3058제곱미터라는 것이다. 즉 1평이라는 것은 가로세로 어느 방향으로도 거리낌없이 사람이 누울 수 있는 **최소 면적**이라는 의미를 지닌다.

그렇다면 **최소 공간**은 어떠한 의미가 있는 것일까? 최소 면적과 어떻게 다를까? 면적이란 x와 y 좌표에 의한 평면적 개념인 반면, 공간이란 z축이 가세한 3차원을 말한다. 즉 건축 공간의 z축은 건물의 높이를 이야기하며, 최소한의 높이란 사람이 설 수 있는 높이를 의미하므로 쉽게 박스 형태의 공간을 떠올릴 수 있을 것이다. 이로써 최소 공간의 문제는 x y z 값의 의미와 그 최소 치수를 구하는 문제로 집약될 수 있다.

문제가 하나라고 반드시 답이 하나라는 법이 없기 때문에 이 문제에 수학적으로 접근하기 이전에 우선 몇 가지 전제를 하고 시작하려 한다.

1. 주거의 문화적 측면은 배제한다. 이는 국가, 지역 및 생활 여건에 따라 차이가 있는 것이기 때문에 객관화하기 힘들다.
2. 건축 공간 안에 생활에 필요한 도구 또한 배제한다. 여기서 논하려고 하는 것은 가장 원초적인 최소 공간이기 때문이다.

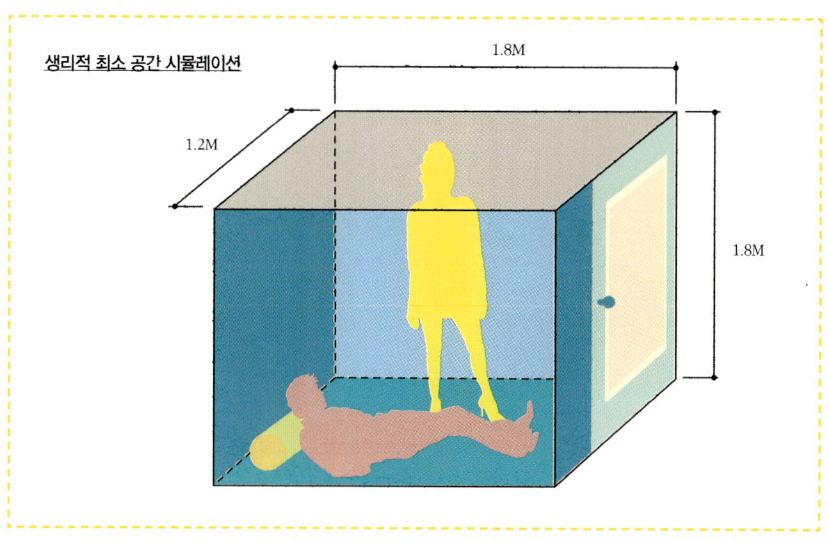

주거에서 최소 공간의 관심은 1960년대 산업화와 도시의 인구 집중에 따른 도시의 주택난에서 비롯되었다. 도시라는 한정된 공간에 많은 사람들을 수용해야 했으므로 이는 자연스럽게 최소 공간으로서 주거의 고층화를 초래했다. 그래서 최소 공간에 대한 구체적 연구에 따른 여러 가지 공식 데이터가 나오기 전에는 소위 집장사들에 의해 극단화된 양상으로까지 나타나 홍콩의 경우 마치 관을 쌓아올린 것 같은 아파트도 있었다.

이들 건설업자가 생각한 최소 공간은 무엇이었고, 그 크기가 어떻기에 관이라는 표현까지 쓴 것일까?

그들이 생각한 최소 공간의 기준은 잠잘 공간(침실)이었고, 기준은 호흡량과 체적에 근거했다. 즉 막힌 공간에 사람이 있을 경우 그 안에서 얼마나 견딜 수 있느냐는 것이다. 평상시에는 사람이 들락거리므로 환기에 의해 외부 공기(산소)가 실내로 유입되지만 사람이 잠자는 시간에는 실내 공기량이 부족할 경우 죽음을 초래할 수 있으므로, 수면 8시간을 기준으로 하여 공간의 체적을 산출하고 이를 최소 공간화 했던 것인데, 수학적 계산을 통해 형태를 추론해보자.

예컨대 보통 사람들은 안정 상태에서 분당 16~18회, 평균 16회의 호흡을 한다. 또 1회의 호흡량은 400~500밀리리터, 평균 0.5리터이니 약 8시간의 수면 시간 동안 필요한 산소량을 산출해보면 다음과 같다.

1. 평균 분당 호흡량: 1회 평균 호흡량(0.5리터)×평균 호흡수(16회) = 8리터/분

2. 8시간 호흡을 위한 체적 = 평균 분당 호흡량(8리터/분)×60분/시간×8

   시간 = 3840리터(3.84세제곱미터)

다음은 3.84세제곱미터의 부피를 사람이 누웠을 경우(키 · 어깨 너비 · 문 너비)나 서 있을 경우(키) 등을 고려하여 체적을 산정해본다.

1. 키(x, z): 1.6~1.8미터(평균 1.8미터 정도)

2. 어깨 너비(y): 보통 40~60센티미터

3. 문 너비 (y): 보통 80~100센티미터

그러므로 세로 길이(x)나 높이(z)는 평균 키인 1.8미터이며, 가로 길이(y)는 어깨 너비나 문 너비에 영향을 받는 치수로 최소 100센티미터 이상을 유지해야 한다. 이는 최소 3.84세제곱미터의 부피가 되어야 하므로 결국 치수는 1.2미터×1.8미터×1.8미터=3.888세제곱미터이니, 8시간 호흡을 위한 최소 체적 3.84세제곱미터를 만족하는 생리적 최소 공간인 것이다. 그러

용어	이미지	의미와 미터 환산
촌寸 digit		손가락 폭을 의미하며, 1촌은 3.03센티미터로 사용하고 있음. 디지트는 현재의 계측 단위로는 활성화되지 않았음. 그림은 寸의 상형 문자. 손의 형태에 동맥의 위치를 점으로 표시했음.
척尺 =자 span		좌: 尺의 상형 문자. 상부는 팔꿈치, 하부의 왼편은 엄지손가락, 오른편은 모아진 네 손가락을 형상화. 우: 尺의 고어로 손으로 가늠함을 형상화함. 현대에 와서 기둥과 기둥 사이의 거리라는 의미로 사용됨.
수장手長 palm		손의 길이인 수장(掌尺, palm)은 약 18~25센티미터이며, 척은 손가락을 가장 길게 편 길이로, 30.3센티미터로 통용되고 있음.
족장足長 foot		발길이(25~34센티미터), 1피트는 12인치[인치(2.54센티미터)는 원래 엄지손가락의 폭을 기준으로 삼는데 현대의 1인치는 2.54센티미터로 규정돼 있다]이며, 30.48센티미터(옛날 사람들의 발이 상당히 컸거나 신발을 신고 측정한 단위라는 주장이 있음)임.
보步 mile		사람의 걸음을 기준으로 하여, 1,000걸음이 1마일로, 미터법에 의하면 1,609.3미터임.
주肘 cubit		팔꿈치에서 가운뎃손가락 끝까지의 길이로 약 46~56센티미터 정도이며, 동양 단위로 1척 5촌(「관중창립계단도경」, 人肘長唐尺一尺五寸)은 45.45센티미터임.
심장尋長 yard		뻗은 팔의 손끝에서 얼굴의 코 중심까지 길이. 1야드는 91.438센티미터임.
장丈 =길 fathom		丈의 고어로, 손 너비(手幅)의 10배를 의미함. 두 팔을 벌린 길이를 fm이라 하는데, 이는 약 6피트이며, 1.83미터임. 반면 동양에서는 인체의 키를 기준으로 한 '장'을 사용하는데, 키와 팔 길이는 동일하며, 중국 주나라에서는 8척을 1장이라고 했는데, 주 1척은 약 23센티미터이므로 1장은 1.84미터임.

참조: 서양의 인체 척도 단위는 메소포타미아인을 기준으로 했다.

아키그램 'plug-in city'의 최소 단위 주거 공간 캡슐capsules 개념

▲ 방 쪽 입면도

▲ 단위 평면도

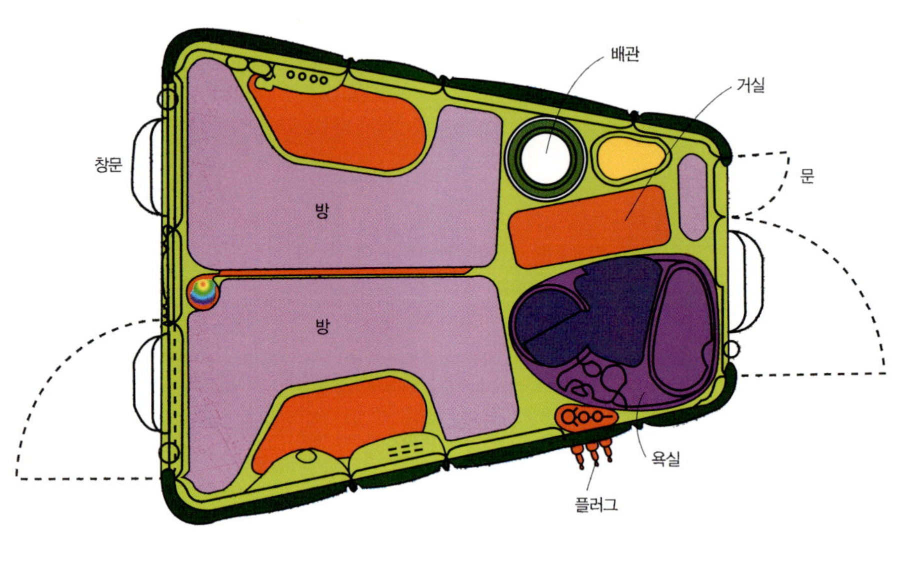

나 이는 가구 등이 배제된 공간이고 단지 한 사람이 누워 뒤척일 만한 공간 정도라서 관에 비유했던 것인데, 이러한 최소 공간은 현대에 와서 캡슐 형태의 일시 거주 공간(호텔)으로 사용되기도 한다. 이 개념 또한 주거의 이동성에 관한 건축가들의 관심 속에서 잉태된 것으로 집을 마치 플러그 꽂듯이[plug in] 이리저리 꽂아 쓸 수 없을까 하는 생각에서 출발한 것이다.

이왕 광고로 시작한 거, 광고로 끝을 맺으려고 한다. '칭기스 칸에게 꿈이 없다면 그는 양치기에 지나지 않았을 거다'라는 광고가 있었다. 틀렸다. 칭기스 칸이 인류 역사상 최대의 대제국을 건설할 수 있었던 것은 그가 유목민이기 때문에 가능했다. 영주, 혹은 지주랍시고 백성들을 땅에다 묶어놓고 그들의 피골을 빨아먹었던 당시 유럽과 동양의 지배자들은 칭기스 칸을 이길 수가 없었다. 왜? 그들의 굳은 머리로는 칭기스 칸의 민족들이 초원에서 오랜 세월 발전시켜온 유목 문화의 장점이 무엇인지 꿰뚫어볼 수 없었기 때문이다. 유목민들은 정착민들과 달리 성이나 도시 같은 기존의 하드웨어에 얽매이지 않는다. 그보다는 자신들의 빠른 이동성을 백분 발휘할 수 있는 소프트웨어, 그러니까 기마술과 이동 주거와 함께 이동로를 확보함으로써 아시아의 끝에서 유럽의 변방에 이르는 넓은 땅을 차지할 수 있었던 것이다.

새로운 유목민들의 시대, 광고의 카피대로 디지털이라는 새로운 기마술을 익히게 된 우리에게는 이제 새로운 파오[몽골 유목민의 천막식 가옥]가 필요하다. 그리고 이것이 바로 지금의 건축가들의 새로운 화두가 되었다. 그들은 '디지털 유목민'들의 시대를 위해 걸어다니는 도시, 아스테로모 등을 제안해왔고, 앞으로도 그렇게 할 것이다. 아직까지도 이 꿈들이 너무 멀어 보이나? 아니다. 건축가들은 이동 주거의 기초라고 할 수 있는 최소 공간의 개념을 거의 다 꾸려냈다. 이제 발만 달면 된다.

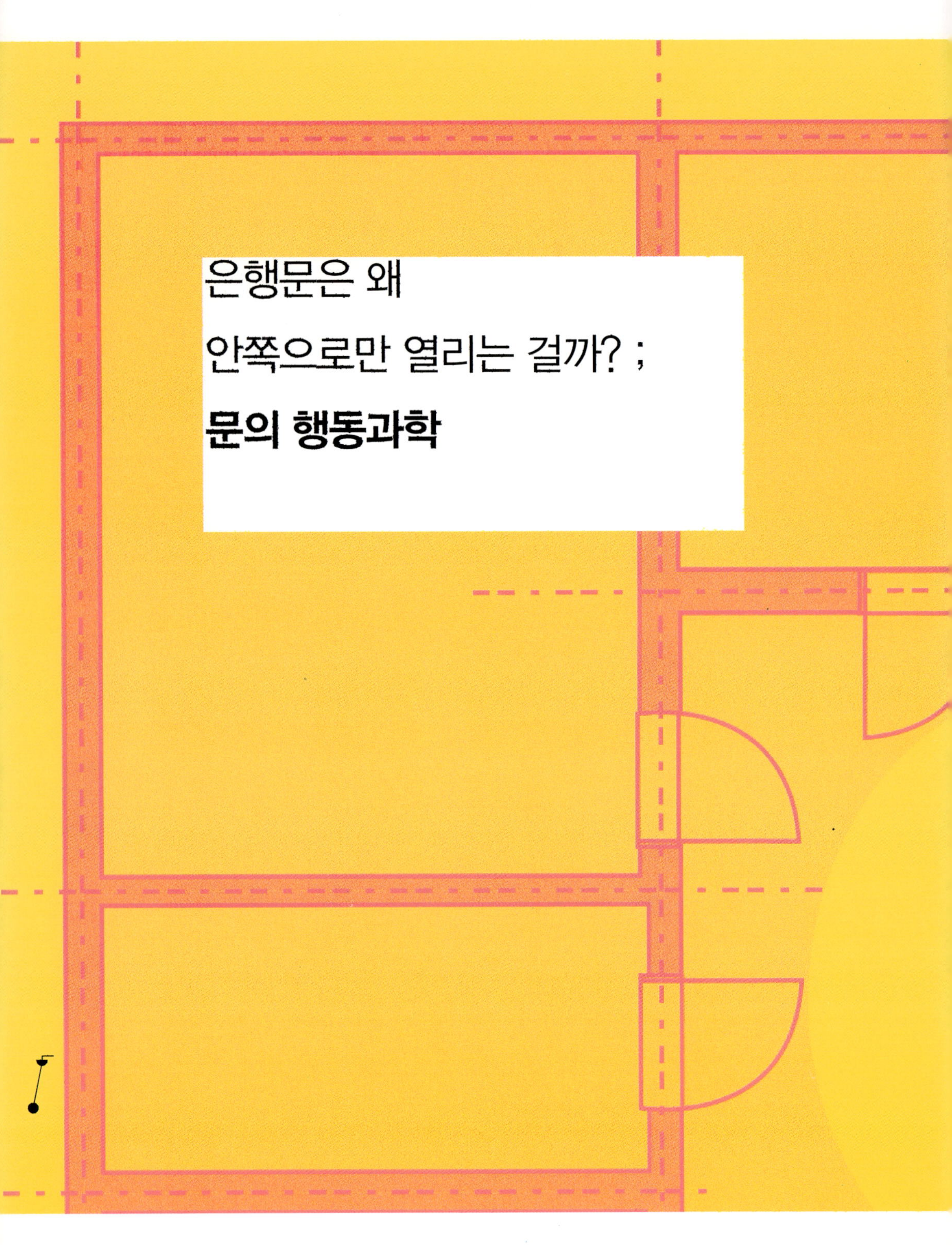

은행문은 왜
안쪽으로만 열리는 걸까? ;
문의 행동과학

우리에게 문이란 어떤 의미가 있을까? 쉽게 말해 문은 상징적이며 기능적인 경계의 표현 도구다. 관문關門이란 단어에서도 알 수 있듯이 새로운 시작을 위한 소통로(門戶)다. 조금 더 생각해보면 건축에서 문(門 혹은 戶)만큼 양면성을 띤 요소가 또 있을까 싶다. 문은 외부와 내부를 차단(止)시키기도 하고, 연결(達)시키기도 한다. 또한 공간을 기능적으로 연결시키기도 하며, 열린 공간과 열린 공간을 상징적으로 연결시키기도 한다.

문은 여닫는 방법에 따라 크게 옆으로 밀어 여는 미닫이(미세기)문과 안팎으로 여닫는 여닫이문이 있는데, 여닫이문은 다시 실내를 기준으로 하여 문이 안쪽으로 열리는 안여닫이와 바깥쪽으로 열리는 밖여닫이, 혹은 안팎으로 모두 열리는 양여닫이가 있다.

"은행문은 왜 자동문으로 만들지 않는 거야?" 비 오는 날, 한 손엔 우산과 가방을 다른 손으론 유모차를 밀며 은행문을 나서던 젊은 주부의 푸념이다. 생각해보니 불평할 만도 하다. 그러나 세상에 원인 없는 결과는 없다. 반드시 그렇게 해야 할 이유가 따로 있을 것이다. 도대체 은행문은 왜 자동문으로 만들지 않는 것일까? 결론부터 말하자면 은행은 고객을 위한 장소지만 은행문은 도둑을 위한(?) 것이기 때문이다.

문이 도둑을 위한 것이라고? 이에 관한 본격적인 변명에 들어가기 전에 영화와 관련한 에피소드가 있어, 그 이야기 먼저 하고 시작해보자.

시사평도 좋고 해서 얼마 전 친구와 스파이크 리 감독 최고의 흥행작이라는 《인사이드 맨》을 보러 갔다. 영화는 웅장한 오케스트라의 선율로 시작되었고, 5분이나 지났을까? 난 직업병(?)이 도지기 시작했다. 무지불식간에 "에이, 저 은행 털리겠네"라는 말이 새어나온 것이다. 그 말은 들은 친구는 "네가 그걸 어떻게 알아?"라며 따지듯 물었다. "저 은행은 문 설계부터 잘못됐어. 저렇게 문 하나도 제대로 설치 못 한 은행인데 다른 것이야 얼마나 더 허술하겠니?"라고 대답했다. 하지만 그 대답으로는 불만족스러운 듯 다시 재촉하며 캐묻는다.

"문? 문이 뭐가 문제인데?"

이 영화의 주 촬영 공간인 은행은 제작진이 영화를 위해 만든 세트장이다. 월 스트리트의 중심인 맨해튼 트러스트 32번가에 위치한 이 건물은 과거에는 은행으로 사용되었으나, 현재는 시가바^{cigar bar}로 사용하는 건물이란다. 쉽게 말하자면, 현재의 상업용 건물을 이용하여 영화의 세트장으로 꾸민 것인데 내부는 철저히 은행처럼 꾸미고 있으나 은행문까지는 세심하게 신경쓰지 못했다는 말이다. 왜 언저리만 맴돌고 핵심을 이야기하지 않는지 궁

영화 《인사이드 맨》의 포스터 ⓒ 2006 Universal Studios. ALL RIGHTS RESERVED

은행문이 바깥으로 열리고 있는 영화 《인사이드 맨》의 한 장면 ⓒ 2006 Universal Studios. ALL RIGHTS RESERVED

건봉사 일주문: 상징적인 문으로서의 일주문은 사찰 경내로 들어서는 첫 번째 관문이다. 앞에서 바라보았을 때, '一'자로 보인다고 하여 일주문이라고도 하고, 마음이 둘이 아니듯(不二), 하나로 모아 들어가라는 의미도 담고 있다. 일주문은 고려 말기부터 나타나기 시작하여 조선 중기에 이르러서는 모든 주요 사찰에 건립되었다

BC 1250년경, 미케네의 사자문Lion Gate

금증이 도지겠지만 은행문과 도둑의 관계만을 털어놓으면, 코끼리 다리만 만지고 코끼리라고 생각할 수 있으므로 우선 문에 관해 알아보자.

문에 숨겨진 행동과학을 찾아서

우리에게 문이란 어떤 의미가 있을까? 쉽게 말해 문은 상징적이며 기능적인 경계의 표현 도구다. 관문關門이란 단어에서도 알 수 있듯 새로운 시작을 위한 소통로(門戶)다. 조금 더 생각해보면 건축에서 문(門 혹은 戶)만큼 양면성을 띤 요소가 또 있을까 싶다. 문은 외부와 내부를 차단(止)시키기도 하고, 연결(達)시키기도 한다. 또한 공간을 기능적으로 연결시키기도 하며, 열린 공간과 열린 공간을 상징적으로 연결시키기도 한다.

문은 여닫는 방법에 따라 크게 옆으로 밀어 여는 미닫이(미세기)문과 안팎으로 여닫는 여닫이문이 있는데, 여닫이문은 다시 실내를 기준으로 하여 문이 안쪽으로 열리는 안여닫이와 바깥쪽으로 열리는 밖여닫이, 혹은 안팎

門 · 戶

엄밀히 말하자면 문·호는 다르다. 한자漢子의 원형인 갑골甲骨 문자[거북이 등껍질(龜甲)이나 소의 어깨뼈 등에 칼로 새긴 것. 1899년 중국 은왕조(BC 3400~BC 3100) 때의 도성이었던 하남성 은허殷墟에서 처음 발견되어 은허 문자라고도 한다]를 살펴보면 문은 좌우 양기둥에 문이 2개가 달린 형상이고, 호는 기둥 하나에 여닫이가 달린 형상이다. 그러니 문은 양여닫이문을, 호는 외여닫이문을 형상화한 것이다.

으로 모두 열리는 양여닫이가 있다. 그런데 이러한 문들은 건물의 쓰임새에 따라 어떤 건물은 안여닫이문이, 어떤 건물에는 밖여닫이문이 사용된다. 도대체 왜 문이 열리는 방향이 이렇게 달라야만 할까? 그리고 무엇을 기준으로 안과 밖을 선택하는 것일까? 여기에는 사회적 관습이나 개인적 기호 등 다양한 변수가 작용한다. 그러나 이를 기능적 측면으로만 국한한다고 했을 때, 건축에서 문의 개폐 방향을 결정짓는 인자는 크게 세 가지 정도로 요약할 수 있다.

1. 공간의 활용

2. 비상시 대피나 피난

3. 행동과학

이 세 가지 측면을 중심으로 우리가 사는 주택부터 살펴보자.

현 관 문

집 안private과 밖public을 연결해주는 통로인 현관문은 보통 밖으로 열리는데, 개폐 방향의 결정 인자는 주거 형식이 아파트냐 아니냐에 따라 다르다. 아파트를 제외한 주택 현관문 개폐 방향의 결정 인자는 **공간 활용**의 측면이 강하다. 신발을 신고 실내로 들어가는 외국과 달리 한국인들은 신발을 벗고 실내로 들어온다. 즉 신발을 벗어둘 공간이 필요한 것이다. 보통 현관 폭은 집의 규모에 따라 다르겠지만 1미터 내외이고 현관문의 크기도 1미터 정도이니 만약 현관문이 안으로 열린다면? 문을 열 때마다 현관의 신발들이 이리저리 쓸려다녀야 할 것이다. 물론 현관이 충분히 넓다면 상관없겠지만

개 폐 방 법 에 따 른 문 의 분 류

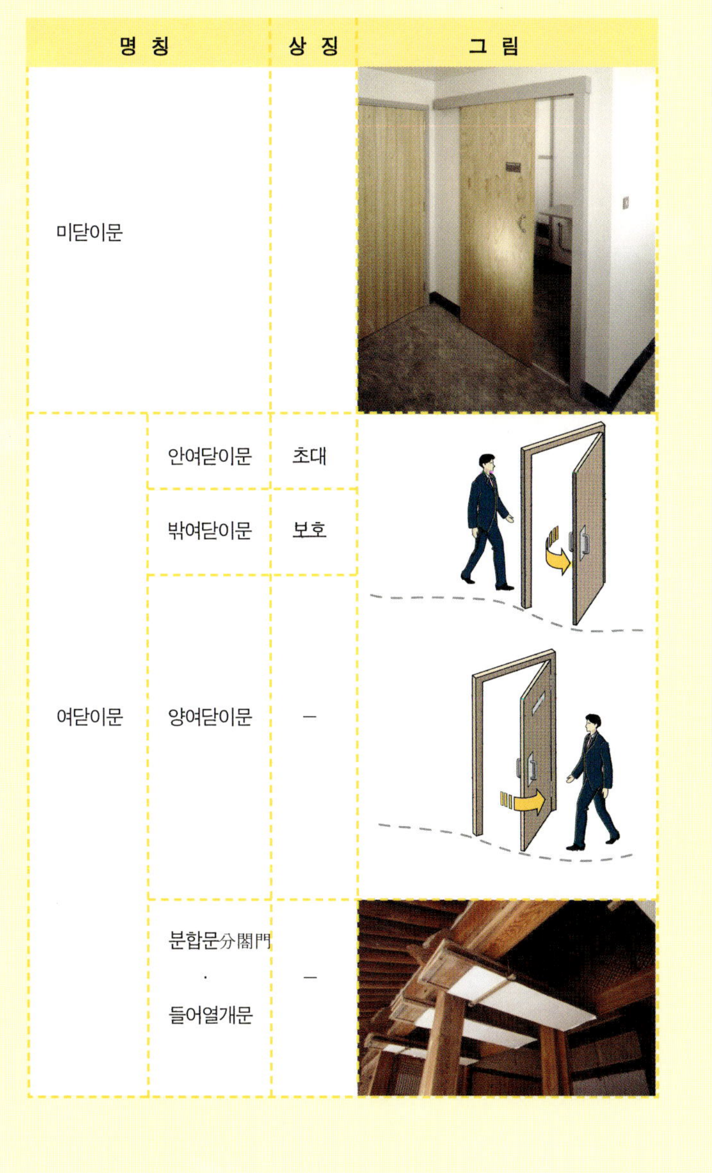

명 칭		상 징	그 림
미닫이문			
여닫이문	안여닫이문	초대	
	밖여닫이문	보호	
	양여닫이문	–	
	분합문分閤門 · 들어열개문	–	

행 동 과 학 과 사 회 과 학

행동과학行動科學, behavioral science이란 용어는 J.G.밀러James Grier Miller, 1916~2002 박사가 1948~1955년까지 시카고 대학의 심리학부장을 역임하면서 그의 연구팀과 만들어낸 신조어다. 이 용어는 흔히 사회과학과 혼동하여 사용되곤 한다. 물론 이 두 분야가 인간의 행동 작용 체계에 영향을 준다는 점에는 공통점이 있으나 과학적 접근 방법에는 다소 차이가 있다. 우선 행동과학이란 사회 조직 안에서 행동 결정 과정과 커뮤니케이션 전략을 연구하는 것이고, 사회과학이란 사회 구조의 계층화가 사회화와 사회 조직에 미치는 영향을 연구하는 것이다. 학문의 범주를 논하자면, 행동과학은 자연과학과 사회과학을 연결시키는 광범위한 학문이다.

행 동 과 학 범 주	사 회 과 학 범 주
심리학 · 사회 신경과학	사회학 · 경제학 · 역사 · 공중 위생 · 인류학 · 정치학

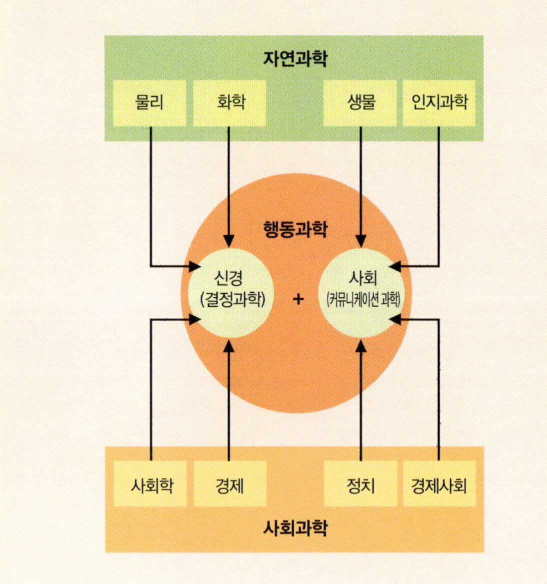

일반적으로 현관 공간보다는 방 공간이 더 넓기를 바랄 것이다.

　아파트와 현관을 이야기하다 보니 떠오르는 에피소드가 있다. 결혼 10년 만에 아파트를 분양받은 친구의 집들이 이야기인데, 이럴 때마다 선물로 등장하는 공구 세트를 사들고 찾아갔다. 친구의 아파트는 계단식으로 7층이었다. 아파트 현관에서 벨을 누르니 현관문이 안쪽으로 열리고 친구가 나와 반겨주었다. 그 순간 난 어찌해야 하나 싶었다. 친구는 현관문 열리는 방향이 살기에 불편할 것 같아 입주 전에 인테리어 공사와 함께 현관문을 안쪽으로 고쳐 달았다는 것이다. 그러나 아파트의 경우 현관문이 안으로 열리는 것은 불가한 것이므로 친구에게 다시 문을 바꿔 다는 공사를 해야만 한다고 조언했다.

　그렇다면 아파트의 현관문은 왜 반드시 바깥쪽으로만 열려야 한다는 것인지, 문을 다시 바꿔 달아야 한다는 나의 말에 울상을 짓던 친구에게 설명한 내용을 적어본다.

　아파트는 여러 세대가 밀집해서 사는 고층의 공동 주택이다. 즉 아파트는 내 집이기도 하면서 우리의 집이기도 하다. 현관문 하나를 경계로 개인 영역인 내부와 공공 영역인 외부가 연결된다. 상상해보라. 이렇게 많은 사람들이 밀집해 사는 아파트에 사고가 났다고 말이다. 이는 곧 많은 사람들이 동시에 재난을 당할 수 있음을 의미한다. 그러므로 현관문의 개폐 방향은 건물 내의 화재 등 비상시 원활한 대피나 피난을 목적으로 한다. 때문에 문의 개폐 방향은 반드시 피난 방향(계단실 방향)으로 열리도록 법(「건축물의 피난·방화 구조 등의 기준에 관한 규칙 제9조」)에서 규정하고 있다. 이를 조금 다른 각도로 보자면, 아파트의 현관문은 사람들이 들어오는 것보다는 나가는 것에 더 큰 관심을 가지고 있음을 의미하는 것이리라.

서양에서는 안으로 열리는 문은 초대를, 밖으로 열리는 문은 외부로부터의 보호를 의미한다고 하는데, 이러한 측면에서 본다면 현대인의 피해 의식이나 개인주의 성향을 반영하는 것이 밖여닫이 문화가 아닐까 싶다.

문 여는 방향과 대피라는 맥락에서 살펴본 또 다른 예는 극장이나 공연장같이 사람들이 동시에 많이 모이는 장소다. 이를 유심히 살펴본 독자들도 있을 것이다. 혹시 극장 안쪽으로 열리는 문을 본 적이 있는가? 극장문은 보통 바깥쪽으로 열리도록 되어 있을 것이며, 안팎으로 열리는 문도 가끔은 눈에 띄나 안쪽으로만 열리는 문은 본 적이 없을 것이다. 이는 비상시 많은 사람들이 한꺼번에 밖으로 대피하기 쉽도록 문 방향을 밖으로 향한 것이다. 호텔과 같이 많은 사람들이 머무는 곳 역시 문의 개폐 방향을 결정하는 인자는 피난이지만, 문의 방향이 전혀 다르다. 이유는 극장은 실내에 사람이 몰려 있지만, 호텔의 경우는 복도를 통해 대피하는 사람들이 방에서 열고 나오는 문 때문에 장애가 되지 않도록 보통 호텔의 문은 안쪽으로 열린다.

방 문

앞서 외부와 내부를 연결하는 문들에 관해 살펴보았는데, 사실 일상 생활에서 가장 많이 사용하는 문은 방문일 것이다. 방문은 보통 안쪽으로 열리는데, 개폐 방향은 공간 활용과 행동과학적 측면으로 이해할 수 있다. 즉 보통 방과 방은 거실을 중심으로 연결되어 있는데, 공간 활용 측면에서 보자면, 만약 방문이 모두 거실 쪽(방 바깥쪽)으로 열린다면 거실은 실室이 아니라 좀 큰 복도가 돼버리고 말 것이다. 그렇다면 행동과학 측면에서 보면 어떨까? 간단한 일상의 예로 이해해보자.

민형이 어머니는 밤늦도록 공부하는 고3 수험생 아들을 위해 간식을 준

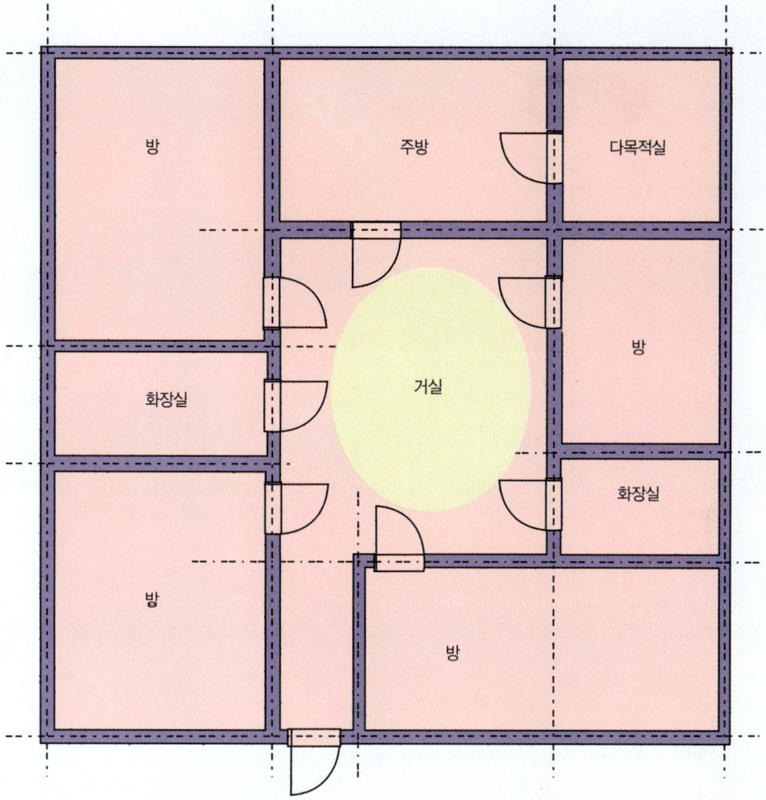

방
주방
다목적실
화장실
거실
방
방
화장실
방
방

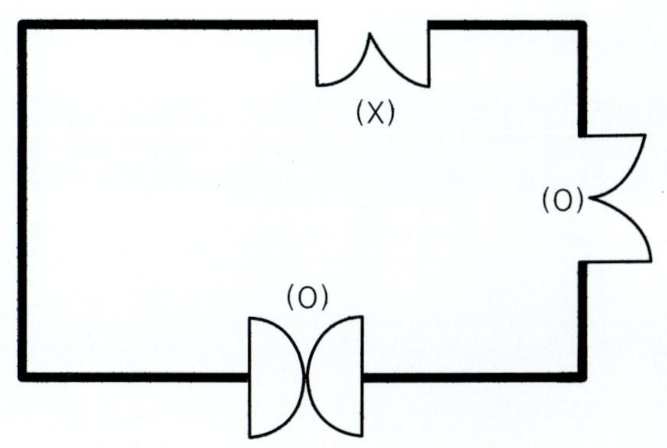
(X)
(O)
(O)

방문이 모두 거실을 향하면, 사실상 사용
할 수 있는 거실의 면적도 줄어들 뿐 아니
라, 이 방 저 방을 오갈 때 생기는 동선들
때문에 쓸모없는 공간이 돼버리고 만다
극장·공연장의 문

비하고 아들의 방문을 노크한다. 그 순간 방안에서 공부하던 민형이는 졸음을 떨치려고 방문을 열고 나오다가 방문 앞의 어머니와 부딪힌다. 놀란 어머니의 손에서 간식은 나동그라지고 만다. 생각해보라. 어느 누가 자기 방에서 나올 때 노크하면서 나오겠는가. 즉 방문을 안쪽으로 열도록 다는 것은 자기 방에서 나올 때 방 밖에 있는 누군가를 위한 배려인 것이다.

이쯤 되면 눈치 빠른 독자들은 바보스러운(?) 건축가들을 탓하며 다음과 같은 의문을 제기할지도 모른다.

"아니, 그럼 우리 전통 주택처럼 미닫이로 하면 될 일이지 왜 여닫이로 만들어놓은 거야?"

만약 이러한 질문을 던진 독자라면 그 사고력에 아낌없는 칭찬을 해주고 싶다. 그러나 건축가들도 그렇게 바보는 아니다. 문제는 벽면 활용에 있다. 방안의 벽면을 머릿속에 떠올려보라. 빈 벽면이 떠오르는가? 침대, 옷장, 책상, 화장대 등 가구들이 세 면 아니 네 면 모두를 차지하는 상황이 머릿속에 그려질 것이다. 여닫이문의 경우 문폭 90센티미터를 제외하면 남는 벽면의 활용이 가능하나, 미닫이문의 경우는 벽으로 밀리는 부분까지 포함해서 1.8미터의 길이가 필요하므로 벽면 활용에 있어 불리하다.

여러분의 방문은 어느 방향으로 되어 있는가? 방 안쪽으로 열리도록 되어 있는가? 만약 바깥으로 되어 있어 불편을 느끼거나 저자의 말이 수긍이 간다면 앞으로 집수리를 할 경우 문 방향을 고려해볼 일이다.

화 장 실 문

화장실은 주택의 주요 공간이 아니므로 최소 공간으로 설계하는데, 보통 변기는 바로 문 앞에 설치한다. 만약 변기가 문에 걸려 밖으로 문을 여는

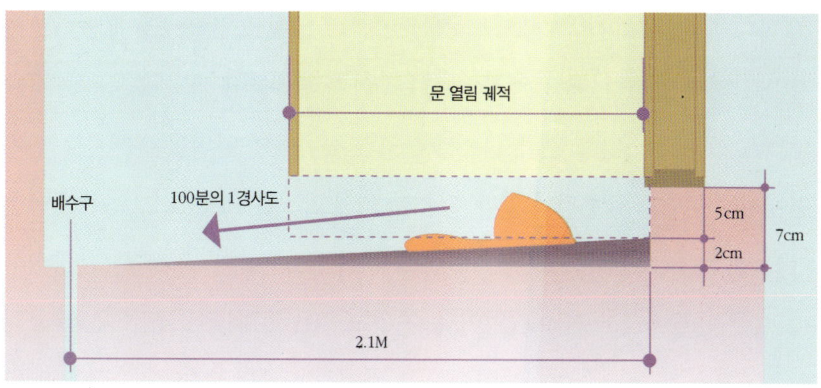

↕ **화장실 단면도**

경우를 제외하고는 화장실문은 화장실 쪽으로 열리도록 한다. 화장실과 관련해 건축하는 사람들끼리 우스갯소리로 하는 이야기가 있다. 주택이 얼마나 잘 설계됐는지 알아보려면 화장실문을 열어보라는 것이다. 어떻게 화장실문으로 설계의 수준을 판단할 수 있단 말인가! 이야기는 이렇다. 화장실은 보통 거실이나 방보다 바닥이 낮다. 이유는 화장실에서 사용하는 물의 배수를 위해 구배(보통 100분의 1)를 확보하기 위함이다. 즉 화장실 한 변의 크기가 2.1미터인 경우 배수구를 위한 기능상의 높이차는 2센티미터 정도가 필요하다는 말인데, 문제는 화장실에서 신는 실내화에 있다. 그 높이를 그저 기능상으로만 설계한다면, 아마 화장실문을 열 때마다 실내화가 저만치 달아나는 경우가 발생할 것이다. 그러니 화장실문을 열었을 때 실내화가 걸리지 않는 정도의 높이(7~10센티미터)로 설계했다면, 다시 말해 그렇게 세심한 곳까지 놓치지 않고 설계했다면 다른 곳은 볼 필요도 없다는 말이다.

자, 여기까지 읽었는데도 원하는 답은 안 나오고 계속 골치 아픈 이야기만 계속된다고 생각하시는 분들을 위해 은행문과 도둑의 관계를 결론지을까 한다. 앞서 영화 《인사이드 맨》에 등장하는 은행은 털릴 수밖에 없다고까지 단정지어 말했다. 은행은 무엇보다도 안전과 신용을 가장 중시하는 곳이다. 구조 · 기능 · 미를 추구하는 건축 또한 사람들의 안전을 전제한다는 측면에서는 은행과 공통점이 있다. 단지 은행의 안전은 '도난'으로부터의 안전이 주 관심사인 반면 건축물은 대피, 특히 화재로부터의 '대피'가 주 관심사다. 물론 은행에서도 화재는 일어날 수 있고 많은 사람들이 출입하는 공공의 장소이기에 건축의 주 관심사인 대피를 완전히 배제할 수는 없을 것이다. 그러나 고층에 자리잡은 은행을 본 적이 있는가? 그만큼 외부로 대피하기 용이[보통 화재시 대피 시간은 두 시간을 기준으로 한다]하다는 이야기다. 물론 은행의 안전이 단지 문 하나로 해결된다는 것은 아니다. 그러나 은행문을 안으로 열게 하여 단 1초라도 도둑의 도피 시간을 지연시키기 위한 행동과학의 제안인 것이다.

그러고 보면 드나듦을 목적으로 한다는 문은 들고(入) 남(出)이 등가는 아닌 듯싶다. 적어도 현대에 와서 문은 들어오는 것보다는 나가는 것에 더 큰 관심을 가지고 있는 것 같으니 말이다. 과연 독자들의 집 문은 사람들이 들어오는 것에 관심이 많은가, 아니면 나가는 것에 관심이 많은가? 다르게 표현해보자면 얼마만큼 행동과학을 고려하여 문들이 열리고 닫히는가?

문에 얽힌 네 가지 궁금증

1. 초등학교 교실문은 왜 미닫이문만 쓰는 거죠?

초등학교의 복도나 계단을 유심히 살펴보면 걸어다니는 아이들이 그리 많지 않다. 공부하러 교실에 들어갈 경우를 제외하고는 뭐가 그리 바쁜지 뛰기 일쑤다. 이런 아이들이 생활하는 교실문을 여닫이로 한다면 어떤 일이 벌어질까? 아이들이 여닫는 문에 수시로 부딪혀 교실 옆에 따로 양호실을 만들어야 할지도 모른다. 또한 아이들의 집중력이 그리 오래 가지 않아 당연히 문을 제대로 닫지 않는 경우가 다반사일 것이다. 게다가 교실 창문으로 불어오는 바람 등으로 여러 교실에서 '쾅쾅' 소리가 끊이지 않을 것이다. 그러니 초등학교 교실문은 미닫이일 수밖에.

2. 우리 전통 주택의 창과 문은 무엇으로 구별하지요?

우리 전통 주택을 보면 어느 실室이나 밖에서 안으로 들어갈 수 있도록 되어 있다. 그러나 이 모든 창호窓戶를 문이라고 하지는 않는다. 전통 주택의 창호 구분은 '머름'의 유무로 판단한다. 머름이란 멀다(遠)란 의미와 소리를 뜻하는 한자인 음音자를 합한 이두吏讀·吏頭(신라 신문왕 때 설총이 정리한 표음 문자로, 한자의 음과 뜻을 빌려 우리말을 적던 방식이나 그러한 문자를 나타내며, 이를 이도吏道·이서吏書·이토吏吐·이투吏套라고도 한다) 표기다. 머름의 위치와 크기는 방바닥 위에 약 한 자(30센티미터) 높이로 설치하며 그 위에 창을 설치한다. 즉 머름이 있는 부분은 출입을 목적으로 하는 문이 아니라 일광이나 환기를 목적으로 하는 창으로 구분한다.

3. 우리 전통 주택에는 왜 안여닫이가 없는 걸까요?

전통 주택의 창호는 모두 외부에 면해 있고, 나무와 창호지로 만들어 비교적 가벼우며, 벽 면적에 비해 창호가 차지하는 비율이 높기 때문에 겨울에는 상당히 춥다. 유심히 우리 전통 창호를 살펴보면 이러한 추위를 막기 위해 창호가 3중 4중[밖을 기준으로 하여 여닫이창, 영창(미닫이), 흑창(미닫이), 갑창(미닫이) 순으로 설치한다]으로 되어 있는 것을 발견할 것이다. 이렇듯 창들이 안에 버티고 있기 때문에 안으로 열고 싶어도 열 수 없는 것이다. 그러니 우리 눈에 보이는 바깥 부분은 밖여닫이로 할 수밖에 없는 것이다. 물론 홑

↑ 전통 주택의 창과 문
┆ 머름 상세의 모습

겹 창도 있다. 그런데 이 홑창이 안쪽으로 열리도록 되어 있다고 가정해보자. 그렇다면 창 밖에 바람이 불 때마다 바람이 창문을 열어달라고 흔드는 통에 우리 선조들은 창문의 달그락거리는 소리에 시달려야 했을 것이다.

4. 빙글빙글 회전문, 난 어지럽고 불편하던데

회전문 특히 자동 회전문은 어느 타이밍에 맞추어 들어갈지 난감하기도 하고, 사용하기에도 다른 문들에 비해 그리 편하지 않다. 그러나 대형 빌딩 1층 로비의 출입문에는 어김없이 설치되어 있는 편이다. 이 문은 사용의 편리성을 위함이 아니라 방한·방풍 효과를 위한 문이다. 보통 여닫이문은 여름의 경우 냉방한 실내로 더운 공기가, 겨울의 경우는 찬 공기가 급격히 밀려들어와 실내의 사람들에게 불쾌감을 주거나 에너지 낭비를 초래한다. 더욱이 사람들의 출입이 잦음을 고려한다면 냉난방 효과를 거의 기대할 수 없을지도 모른다. 그래서 등장한 것이 바로 회전문이다. 회전문은 안과 밖의 공기가 자유로이 이동하는 것을 최대한 막아 빌딩 안팎의 공기가 쉽사리 내통하지 못하도록 막는 역할을 하는 것이다. 특히 백화점처럼 사람이 많이 드나드는 문은 실내외의 급격한 온도차를 막기 위해 아예 '방풍실'이라는 별도 공간을 마련한다. 그러나 회전문은 외부 공기가 드나들기 힘든 것처럼 사람들도 드나들기 불편하다. 평상시에는 그렇다 쳐도 화재로 인한 대피시에는 문제가 다르다. 그런 까닭에 회전문을 설치할 경우에는 반드시 여닫이문 등을 함께 설치해야만 한다.

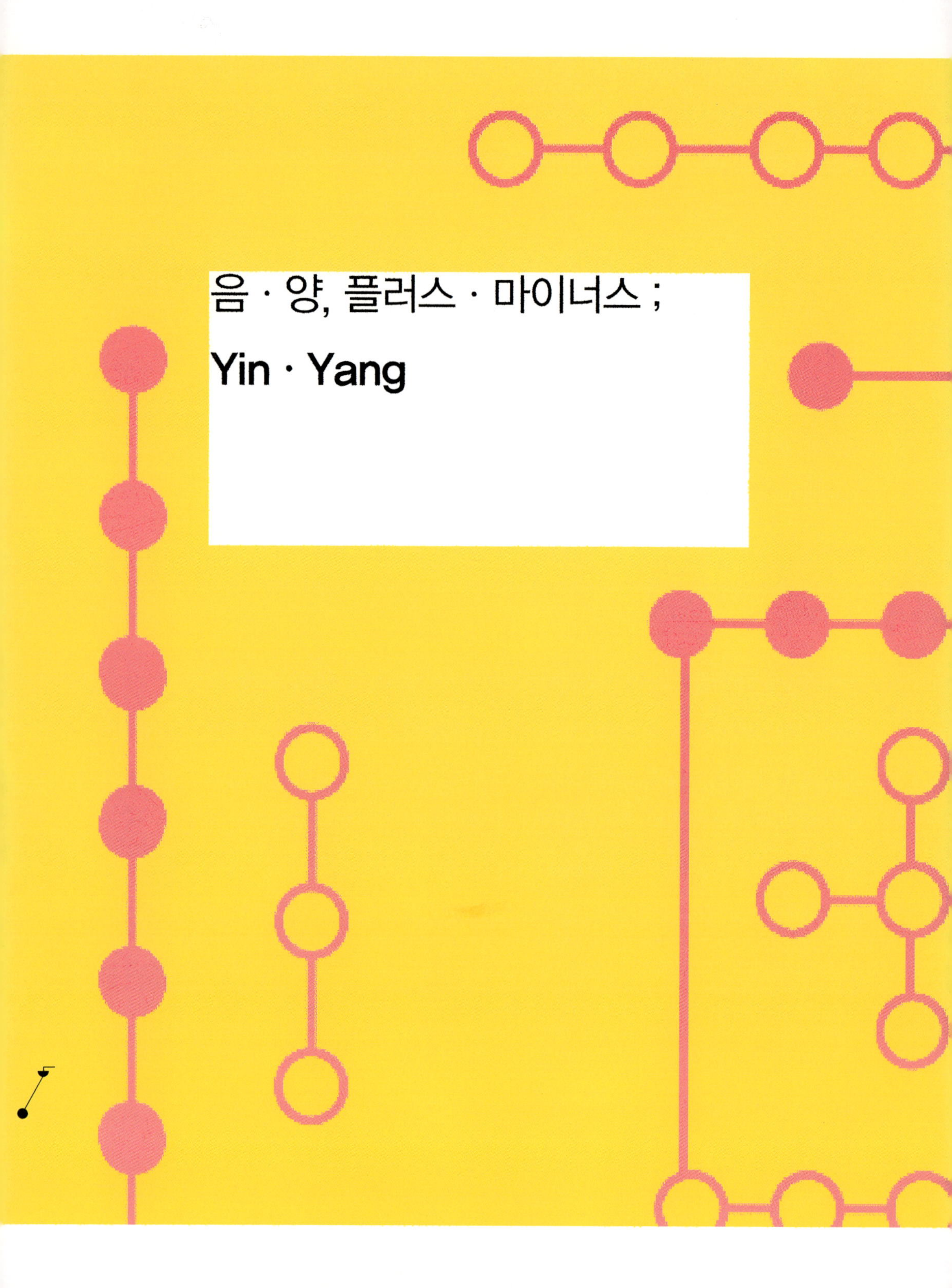

음 · 양, 플러스 · 마이너스 ;
Yin · Yang

<u>**서양이 수세기에 걸쳐 연구한 그 이치를 이미 알면서도 왜 그들보다 늦은 행보를 해야만 하는 것일까?**</u> 문제는 그 근본을 증명하기보다는 생활 전반에 받아들인 것에 있다. 증명 과정은 지루하거나, 혹은 동양적 사고로서는 쓸모없는 것일 수도 있다. 하지만 과정은 분명히 흔적을 남기고, 그 흔적은 우리를 지키는 힘이 될 수도 있다. 예컨대 아리스토텔레스의 비과학적 자연관[여성은 선천적으로 차가우며(-) 남성은 뜨겁다(+)고 했으며, 심지어 바람의 온도가 인간의 성을 결정한다고 주장했다. 즉 찬 바람이 불 때 잉태되는 아이는 여성이, 따뜻한 바람이 불 때 잉태되는 아이는 남성이 된다는 것이다]은 실험을 통해 이미 입증되기도 했다. 악어나 거북이 등 성염색체가 없는 파충류나 어류의 경우는 온도에 따라 성이 결정된다는 것이다.

빨리 끝낸 그들은 한국의 시골 풍경이나 생활 모습 등이 궁금했는지 민속촌으로 향했다. 다음 장소로 가기 위해 고속도로를 빠져나와 얼마 지나지 않았을 때였는데, 손님 중 한 사람이 "저게 뭔가요?" 하며 의아해 했다. 그 궁금증의 주인공이 무엇인가 했더니 바로 무덤의 봉분이었다.

"아! 저건 무덤이에요."

"아까 민속촌에서 본 초가집과 비슷하게 생겼네요, 그런데 한국 사람들은 앉아서 죽나요?"

"무슨 말씀이신지, 앉아서 죽다뇨? 그렇지 않습니다."

평평한 땅에 묘석만 세워진 무덤에 익숙한 외국 손님의 눈엔 땅 위로 봉긋이 올라온 한국의 봉분封墳이 잘 이해되지 않았던 것이다. 서양식 합리주의에 길들여진 그들의 사고방식으로는 봉분의 기능에 집착했을 게 틀림없다. 거기에 수학적 논리까지 가세해 사람의 앉은키 정도 됨직한 높이로 보아 그 같은 결론에 이르렀을 것이다. 죽음마저도 그토록 힘겨워야 하는 한국 풍습이 그들에겐 궁금거리가 아닐 수 없었을 것이다. 하지만 문제는 다음 질문이었다.

"그럼 왜 무덤을 저렇게 만드나요?"

한 번도 의문을 가져보지 못한 질문 때문에 나는 얼버무리며 넘어가느라 몹시 당황스러워했다.

↑ 외국인들에게 궁금증을 유발하는 봉긋 솟은 무덤

그러고 보니 우리 민족은 봉분, 아니 무덤을 왜 만들었을까? 무덤은 죽은 자의 집이며, 후손들이 고인을 추억하는 장소다. 서양은 가족이 죽으면 보통 집 근처에 묻는 풍습이 있다. 따라서 고인이 생각나면 언제든 무덤에

무 덤 처 럼   생 긴   집 의   과 학

『후한서』「동이전」[남북조 시대 송나라의 범엽范曄이 편찬한 중국 후한後漢(우리나라 삼국 시대 초기에 해당)의 정사正史이며, 여기에 등장하는 동이東夷란 동쪽의 오랑캐라는 뜻으로 우리나라를 일컫는다. 이 책의 한조를 보면 "……作土室形如塚……"라는 기록이 있다]과 『삼국지』「위지동이전」(서진西晉의 진수陳壽, 233~297가 편찬한 책으로 위·촉·오 삼국 중 위나라에 부속된 고대 동방의 여러 종족과 국가에 관한 기록이다. 서序·부여扶餘·고구려高句麗·동옥저東沃沮·읍루挹婁·예濊·한韓·왜인倭人 순서로 되어 있는데, 이중 한조를 보면 "……居處作草土室形如塚……"라는 기록

'필경사筆耕舍'는 심훈이 1934년 직접 설계하여 지은 집이다. 심훈은 소설가이자 시인으로, 이곳에서 1935년 농촌계몽소설로 유명한 대표작인 『상록수』를 썼다

이 있다)에 모두 '작토실형여총'이란 문구가 눈에 띈다. 이는 '집을 마치 무덤처럼 만들었다'는 뜻인데 집의 형상을 무덤처럼 만든 것인지, 무덤의 형상을 본떠 집처럼 만든 것인지는 생각해볼 일이다. 하지만 중국인들이 우리 선조들을 우습게 여겨 남긴 표현임에 틀림없다. 단순히 집의 형태를 표현하자면 우산 모양(傘蓋), 활처럼 휜 모양(弧), 반구半球 등 우호적인 표현이 있었을 텐데, 굳이 무덤 모양에 비유한 것을 보면 결코 긍정적인 묘사는 아닌 셈이다.

중국인들이 어떤 표현을 사용했든 집의 형태에 담긴 선조들의 과학적 지혜는 놀라지 않을 수 없다. 우선 집의 형태가 둥글다는 것은 체표 면적이 가장 작은 돔이나 볼트 형태를 의미하니, 이는 외부와의 열교환을 가장 최소화할 수 있는 기하학적 형태. 따라서 겨울은 따뜻하게 여름은 시원하게 보낼 수 있으며, 완전 반구형이 아닌 사이클로드 곡선의 지붕은 빗물 등을 가장 빠르게 떨어뜨린다. 당연히 초가 지붕의 부식을 방지할 수 있다. 게다가 여름에는 호박이나 박넝쿨 등을 지붕에 올려 옥상 정원roof garden으로 활용했으며 여름의 뜨거운 햇살을 반사해 쾌적한 주거 공간을 유지하기도 했다.

청동기 시대 지배층의 무덤 고인돌
인도 산치의 대탑(스투파)

찾아갈 수 있다. 그러나 우리나라의 경우 죽은 자의 집자리(음택)와 산 자의 집자리(양택)는 철저히 구분되어야 한다고 믿었기에 집 근처에 묘를 쓰는 일은 없었다. 묘자리를 멀리 쓴다는 것은 자주 가보기 힘들다는 것을 의미하며, 어떠한 표식이 없다면 무덤자리를 찾기도 쉽지 않을 것이다. 그런 식으로 생각하면 선조들은 표식의 일환으로 봉분을 만들었을지도 모를 일이다.

선조의 무덤을 기억한다? 그것은 농경 문화를 받아들이면서 정착 생활을 하기 전에는 더욱 중요했을 것이다. 대표적인 유목 민족인 몽고의 경우, 족장이나 부족의 주요 관리가 죽으면 말의 새끼를 함께 묻는 풍습이 있었다. 고인이 쓰던 물품이나 금은보화도 아닌 엉뚱하게 새끼말이라니? 하지만 어미말은 아무리 멀리 떨어진 곳에서도 자기 새끼의 냄새를 맡을 수 있기에 이를 통해 고인의 무덤을 찾겠다는 깊은 뜻이 담겨 있는 것이다.

선조의 무덤을 찾겠다는 상징적 행위가 봉분이라 해도 여전히 형태가 의문으로 남는다. 왜 반구半球형인가? 물론 추측이긴 하지만 결론부터 말하면 불교 문화의 영향인 듯하다. 불교 문화의 발상지인 인도에는 석가 입멸 후 사리舍利 ^{범어인 Sarira를 음역한 것으로 주검이나 신골身骨을 의미한다} 등을 10등분하여 만든 스투파stupa라는 무덤이 있는데, 이는 탑의 기원으로 간주한다. 스투파는 아래에서부터 4개의 부분^{메디medhi, 안다anda, 아르미카harmika, 야스피yasfti, 차트라chattra}으로 나뉘는데, 가장 눈에 띄는 둥근 부분^{anda}이 봉분과 비슷하게 생겼다. 또한 스투파의 맨 꼭대기에 놓인 야스피(우산대)와 차트라(우산)에도 주목할 필요가 있다. 고대 인도에서 우산은 권위를 상징하는 도구로 사용되었기에 선조의 권위를 전하는 무덤의 형상을 이

권위의 상징인 고대 인도 우산

반구에서 따왔으리라는 추측도 가능하기 때문이다.

그런데 나는 어째서 외국 손님의 질문에 지금처럼 논리적으로 설명하지 못하고 얼버무렸던 것일까? 아마도 세상을 바라보는 동서양의 시각차 때문일 것이다.

TV 드라마 대사 중에 동서양의 차를 극명하게 보여주는 예가 있어 잠깐 소개한다.

서양이 원하는 답은 '실험 결과 이러이러한 성분이 검출되었고, 그중 함유량이 높은 A성분은 A맛을 내는 결정적 요소이므로 당연히 A맛이 난다'였으리라. 서양의 사고는 물질과 사상을 분리하며, 존재를 증명하는 시각적 자료가 있어야 그것을 인정한다. 그러므로 그들이 바라보는 세상은 물질의 집합체이며, 그 물질의 근원(소립자)을 파악하기 위해 쪼개고 또 쪼개는 것을 서슴지 않는다. 1961년 미국의 물리학자인 머리 겔만$^{Murray\ Gell-Mann,\ 1929\sim}$이 의심을 품기 전까지는 돌턴의 원자$^{atom,\ 어원은\ '더\ 이상\ 쪼개지지\ 않는다'는\ 의미의\ 그리스어\ 아토모스}$ atomos를 기반으로 하고 있다. 이름만 봐도 그들이 얼마나 확신에 차서 이 이름을 붙였는지 알 수 있다. 사실 원자의 크기란 10억분의 1(나노)미터 정도이니 당시 더 이상 쪼갤 수 없다고 단언할 만했을 것이다 가설이 기반이 되어 물질을 구성하는 가장 최소 단위라 생각했다. 그러나 1964년 머리 겔만은 쿼크$^{quark,\ 당시\ 그는\ 업up(u)}$ ·다운down(d)·스트레인지strange(s)라는 세 쿼크의 존재만을 세상에 알렸다라는 더 작은 단위를 제시하며,

이것이야말로 내부 구조가 없는 물질의 궁극적인 기본 입자라고 소개했다. 언젠가는 이 쿼크마저도 쪼개질지 모를 일이다 1996년 페르미 연구소의 연구 발표를 통해 쿼크도 내부 구조가 있을 가능성을 제안했다. 어찌 보면 과학은 '결론'이 아니라 '과정'이기 때문일지도 모를 일이다. 어쨌든 수세기에 걸친 연구 결과 그들이 내린 결론은 플러스(+)와 마이너스(−)가 지배한다는 것이다.

반면 동양적 사고는 어떠한가?

"역易에 태극이 있으니 이것이 양의를 낳고 양의가 사상을 낳고 사상이 팔괘를 낳는다."–『주역』「계사상전」제11장

동양에서는 일찍이 만물의 근원은 역에서 태동한 태극으로 보았다. 여기에서 '양의(음·양)'가 생성되며, 이 음(--)·양(−)이 다시 서로 교합하여 사상을 낳는다고 생각해 물질과 사상을 분리하지 않는다. 만물의 이치인 역

물 질 구 조

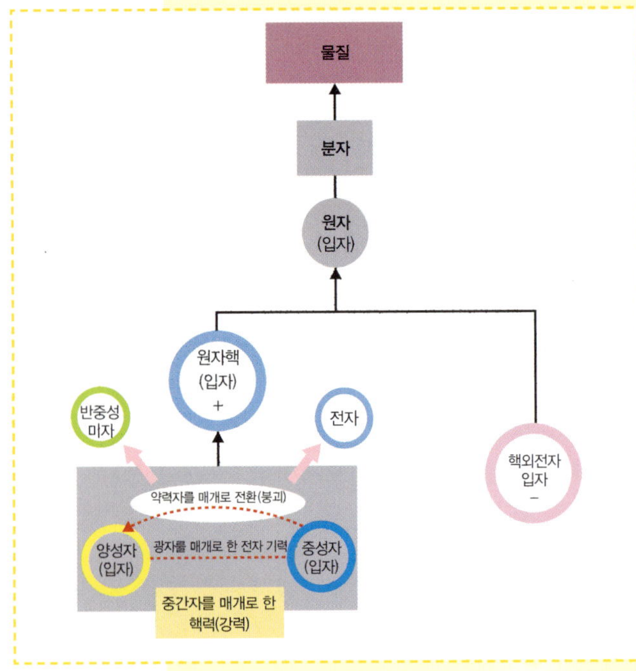

↑ <u>1964년 쿼크 개념 성립 이전의 물질 구조</u>

물질은 원자가 결합된 분자로 구성되며, 화학 원소로서의 특성을 지닌다. 최소 단위로서 원자는 열매처럼 씨가 있는데 이를 '핵'이라 하고 껍질을 전자라 한다. 구조는 크게 세 가지로 나누어볼 수 있다.

1. 기본 소재: 중성자·양성자·전자·반입자 혹은 반중성미자反粒子: 反中性微子

2. 접착제: 광자·중간자·약력자

3. 접착력: 전자 기력·강력·약력

이중 기본 소재와 접착제를 합하여 소립자라 부른다(지금은 쿼크와 쿼크의 접착제 글루온이 소립자 대열에 가세했다). 현재 약 300종류의 소립자가 알려져 있고, 이는 보통 중입자·중간자·경입자·광자光子로 분류되나 중입자baryon와 중간자meson를 총칭하는 강입자hadron로 분류하기도 한다.

1. 광자족: 광자만 해당.

2. 약입자족: 소립자 사이의 약한 상호 작용을 매개하는 중간자로, 질량은 양성자의 약 100배이며, 전하가 양陽과 음陰인 W 입자와 중성中性인 Z 입자가 있다.

3. 경입자족: 질량이 가벼운 입자들로, 전자, 중성미자와 그 반입자들이 이에 속하며, 모든 물질은 쿼크와 경입자족으로 구성된다.

4. 강입자족: 중간자족과 중입자족(양성자·중성자를 포함한 핵자)을 포함한다.

또한 소립자는 개체성個體性과 전환성(生成消滅現想)을 그 특성으로 하는데, 이중 전환성으로 인해 소립자는 입자 혹은 반입자를 만든다. 예컨대 2개의 소립자가 충돌하면서 소멸하는 경우 두 소립자의 질량은 빛으로 전환되어 없어지지만, 에너지와 운동량은 그대로 유지된다. 이때 두 입자 중 하나를 입자, 다른 하나를 그의 반대 입자라 하여 반입자라고 부른다.

쿼크의 구조

1961년 쿼크 개념을 등장시킨 미국의 물리학자 머리 겔만은 츠바이히와 함께 1964년 이 개념을 더욱 발전시켜 입자의 분수전하량이 3분의 1이나 3분의 2를 갖는 소재를 가정하고 '1쿼크'라고 명명했다. 모든 중간자는 1개의 쿼크와 1개의 반쿼크로 이루어져 있고 모든 중입자는 3개의 쿼크들로 이루어져 있다는 구상을 모형으로 제시하고 3종의 쿼크(업up · 다운down · 스트레인지strange)를 제안한 것이다. 더 이상 쪼갤 수 없을 것이라 믿었던 원자를 다시 쪼갠 이 제안은 이제 원자핵을 구성하는 양성자와 중성자마저도 쿼크로 이루어졌다는 생각에까지 확장시켰다. 현재 양성자와 중성자는 업 쿼크(u)와 다운 쿼크(d)로 이루어졌다고 생각하고 있다. 따라서 u · d는 보통 물질에서 발견되는 것들이나, 스트레

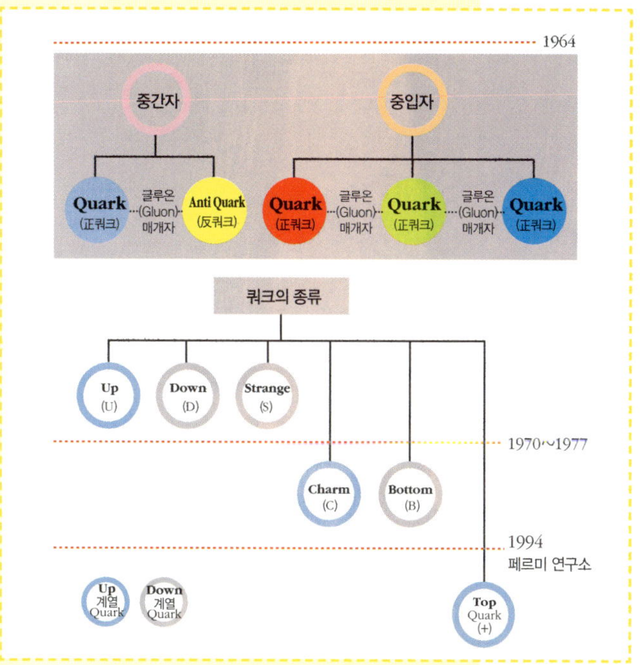

1964년 쿼크 개념의 등장에 따른 물질 구조도

인지 쿼크(s)는 오메가($\Omega -$) 입자와 보통 물질에는 없는 극히 짧은 수명을 갖는 원자 구성 입자들의 구성 성분이다[이후 1974년 미국 스탠포드 대학 선형가속기센터(SLAC)의 리히터와 브룩헤이븐 국립연구소(BNL)의 링은 +(2/3)e의 전하량을 갖는 2세대 쿼크인 참 입자를 동시에 발견했다. 질량은 양성자보다 약간 더 무거운 1.3Gev 정도다. 처음 발견 당시 BNL 연구진은 J입자라고, SLAC 연구진은 ψ입자라 이름했다가 J/ψ으로 일컬어졌다.]

쿼크라는 용어는 제임스 조이스의 소설 「피네건의 경야 Finnegans Wake」에 나오는 문장에서 따온 용어이며, 그 특성은 다음과 같다.

1. 쿼크는 질량을 가지며 각 운동량의 양자역학적 기본 단위의 2분의 1 스핀spin(전자가 핵을 중심으로 공전하면서 동시에 자전하는 것으로, 시계 반향과 반시계 반향의 자전을 한다)을 갖는다.

2. 쿼크는 내부 구조가 없는, 즉 더 작은 그 무엇으로 분리될 수 없는 입자로 전자의 전하보다

의 핵심은 음이 항상 음이 아니고 양이 항상 양이 아니며, 별도로 존재하지도 않고 서로 교합하여 서로 돕기도(상생) 하고 해치기도(상극) 한다는 것이다. 이는 물리적 실험과 수학적 증명 과정을 거치지 못했을 뿐, 소립자의 두 가지 특성인 개체성과 전환성에 대응하는 개념이다.

서양이 수세기에 걸쳐 연구한 이치를 이미 알면서도 왜 그들보다 늦은 행보를 해야만 하는 것일까? 문제는 그 근본을 증명하기보다는 생활 전반에 받아들인 것에 있다. 증명 과정은 지루하거나, 혹은 동양적 사고로서는 쓸모없는 것일 수도 있다. 하지만 과정은 분명히 흔적을 남기고, 그 흔적은 우리를 지키는 힘이 될 수 있다. 예컨대 아리스토텔레스의 비과학적 자연관 여성은 선천적으로 차가우며(−) 남성은 뜨겁다(+)고 했으며, 심지어 바람의 온도가 인간의 성을 결정한다고 주장했다. 즉 찬 바람이 불 때 잉태되는 아이는 여성이, 따뜻한 바람이 불 때 잉태되는 아이는 남성이 된다는 것이다은 실험을 통해 이미 입증되기도 했다. 악어나 거북이 등 성염색체가 없는 파충류나 어류의 경우는 온도에 따라 성이 결정된다는 것이다. 이러한 증명은 우리에게 지구 온난화와 생태계의 문제가 결코 다른 문제가 아님을 보여주었고, 더 나아가 환경 문제에 대책을 세울 기본 자료로 사용되는 것이다.

부족하나마 논리적으로 무덤의 형태를 설명할 수 있었던 것도 서양적

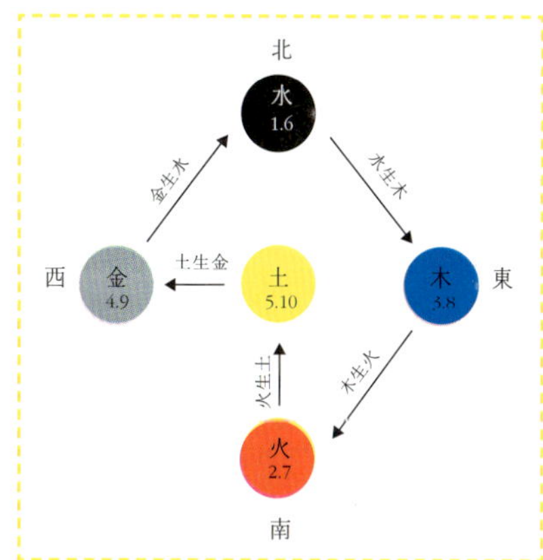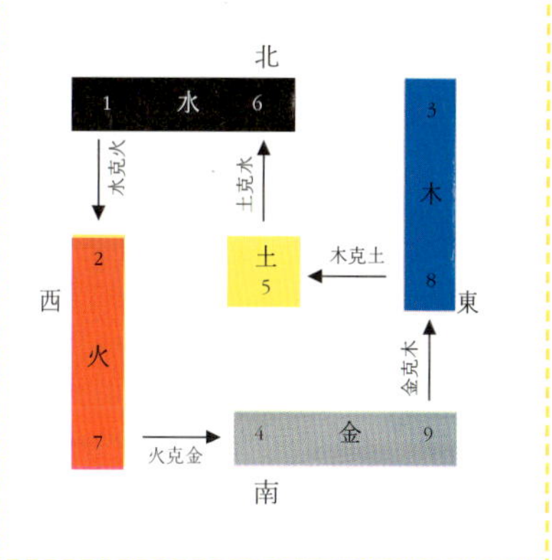

◀··· 오행상생도: 오행의 본원인 수水를 기본으로 살피면 물이 솟아 흘러내려감은 수생목(水生木), 물이 모여 증발함은 목생화(木生火), 수증기가 합치되는 과정은 화생토(火生土), 서로 엉기어 두꺼운 구름을 이룸은 토생금(土生金), 구름이 화하여 내림은 금생수(金生水)의 이치다. 방향은 좌선으로 자연의 섭리가 이루어지는 시계 방향으로 돈다

◀··· 오행상극도: 오행상극의 이치를 살피면 물은 불을 끄고, 불은 쇠를 녹이며, 쇠는 나무를 끊고, 나무는 흙을 파고들며, 흙은 물을 가두어 서로를 견제하고 조절한다. 그러나 '극한다'는 것은 그 묘용妙用을 다하게 한다는 뜻도 되니, 나무가 다 자라면 쇠나 톱으로 끊어 재목을 만들며(金克木), 초목이 흙에 뿌리 내려 생장함으로써 땅의 황폐함을 막아 흙이 만물을 생육케 하며(木克土), 흙으로 제방을 쌓아 홍수나 가뭄에 대비하며(土克水), 뜨거운 열기에 타는 것을 물로써 적셔 끄며(水克火), 캐낸 금속을 화기의 고열로 녹여 주조 제작하니(火克金), 만물이 그 묘용을 다하고 도를 이룸은 모두 상극의 이치에 바탕한 것이다

음 · 양 사 상 에 서 유 래 한 도 서 관

인류 문명의 모든 기록물을 보관하는 장소인 도서관이란 말은 하도河圖와 낙서洛書에서 유래한다.

하도란 하수河水(황하)에서 나온 그림으로 역易의 기원이 된다. 복희씨(BC 3528~BC 3413)[역사 이전 중국은 흔히 삼황오제三皇五帝가 통치했다고 전해지는데, 3황은 일반적으로 천황天皇 · 지황地皇 · 인황(人皇 또는 泰皇) 혹은 복희伏羲 · 신농神農 · 황제黃帝인데, 이후 사마천이 『사기』를 지으며 3황으로는 중국 역사 전체를 기술하기에 부족하다 하여 5제의 개념을 도입했다. 5제는 황제헌원黃帝軒轅 · 전욱고양顓頊高陽 · 제곡고신帝嚳高辛 · 제요방훈帝堯放勳: 陶唐氏 · 제순중화帝舜重華: 有虞氏들이며, 여기에 별도로 복희 · 신농 또는 소호少昊 등을 드는 경우도 있지만 불명확하다]가 천하(중국)를 다스릴 때 머리는 용이고 몸은 말의 형상을 한 신비로운 짐승이 하수에 출현했단다. 그 짐승의 등에 있는 55개의 점(머리의 가마같이 터럭이 휘돌아치는 무늬)에서 천지창조와 만물생성의 이치를 깨달아 팔괘를 그렸다고 전해진다.

낙서는 낙수(황하의 지류)에 나타난 신령스러운 거북이(神龜)에서 유래한다. 하우씨(중국 신화에 나오는 인물로 하夏나라를 연 우왕이다)가 순임금(오제의 제순중화에 해당)의 명을 받아 9년 동안 물을 다스릴(治水) 당시에 신령스런 거북이 낙수에 출현했다. 그때 거북이 등에 나타난 45개 점의 무늬에서 신묘한 이치를 깨달아 치수 사업에 성공했다. '書'라고 표현한 것은 문자가 없어 그림(하도)으로 표현했던 복희씨 때와 달리 우임금(하우씨) 때는 문자가 있었으므로 낙서라고 한 것이다.

이러한 하도와 낙서는 고대 중국 황실에서 가장 소중한 보물로 여겨 이를 보관하던 장소를 도서관이라 불렀고 오늘날까지 사용되는 것이다. 한 가지 재미있는 사실은 세상의 이치를 지배하는 '도 · 서'가 모두 물에서 나왔다는 점이다. 이는 만물생성 시원을 물로 보고 있는 현대 과학의 시각과 정확하게 일치한다.

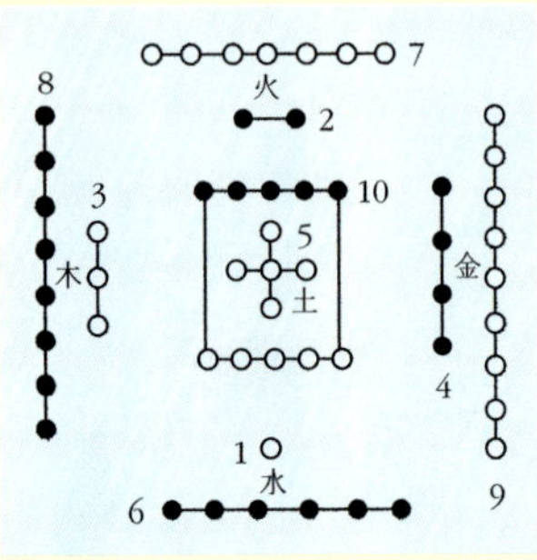

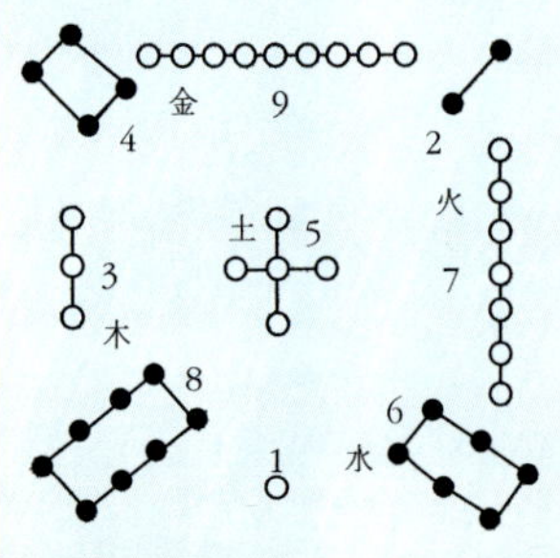

참조 그림에서 흰색은 하늘의 수(天數, 홀수: 1, 3, 5, 7, 9)를, 검은색은 땅의 수(地數, 짝수: 2, 4, 6, 8, 10)를 뜻한다.

논리 학습 덕택이리라. 하지만 세상은 반드시 실존을 증명해내야 하는, 그렇지 않으면 죽임마저 감수(지동설을 주장했다 죽을 뻔했던 갈릴레오를 상기해보라)해야 하는 '플러스와 마이너스' 적 사고만으로 규명되는 것은 아니다. 그렇다고 논리적이고 과학적인 설명을 배제한 '음ㆍ양' 적 사고만으로도 해결할 수 없다. 도리어 이 두 사고를 접목한 '인^{yin}과 양^{yang}' 적 사고로 보는 편이 나을지도 모른다. 퓨전의 시대답게 서양과 동양은 교묘하게 서로를 필요로 하고 적절하게 이용하는 셈이다. 그래서 언제나 진실은 있는 것이고 그 진실을 향한 갈증은 영원히 계속될 것이다.

> "존재하는 것은 영속하는 것임에도 불구하고 환상에 불과하다."－아인슈타인

건축 속 재미있는 과학 이야기

초판 1쇄 발행일 2007년 2월 22일
초판 12쇄 발행일 2024년 3월 25일

지은이 이재인

발행인 조윤성

발행처 ㈜시공사 **주소** 서울시 성동구 상원1길 22, 7-8층(우편번호 04779)
대표전화 02-3486-6877 **팩스(주문)** 02-585-1755
홈페이지 www.sigongsa.com / www.sigongjunior.com

글 ⓒ 이재인, 2007

이 책에 사용한 작품 중 저작권 허가를 받지 못한 작품들에 대해서는
저작권자가 확인되는 대로 계약절차를 맺고, 그에 따른 저작권료를 지불하겠습니다.
저작권법에 의해 한국 내에서 보호를 받는 저작물이므로 무단 전재 및 복제를 금합니다.

ISBN 978-89-527-4964-2 03400

*시공사는 시공간을 넘는 무한한 콘텐츠 세상을 만듭니다.
*시공사는 더 나은 내일을 함께 만들 여러분의 소중한 의견을 기다립니다.
*잘못 만들어진 책은 구입하신 곳에서 바꾸어 드립니다.

WEPUB 원스톱 출판 투고 플랫폼 '위펍' _wepub.kr
위펍은 다양한 콘텐츠 발굴과 확장의 기회를 높여주는
시공사의 출판IP 투고·매칭 플랫폼입니다.